■ 宽体金线蛭

■ 茶色蛭

■ 日本医蛭

■ 菲牛蛭

■ 成 蛭

■ 幼 蛭

■ 水葫芦下的水蛭

■ 水蛭干品

■ 1~4 为水蛭摄取螺蛳体液的过程

■ 动物血液喂养

■ 植物间的水蛭

■ 水蛭收集

■ 水蛭繁殖场

■ 水蛭发情

■ 卵茧收集

■ 卵 茧

■ 收集后的卵茧

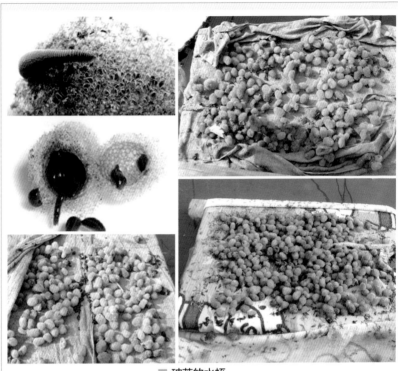

■ 破茧的水蛭

■ 仔 蛭

■ 水蛭摄取河蚌体液

池塘养殖1

池塘养殖2

池塘养殖3

池塘养殖4

池塘养殖5

网箱养殖1

网箱养殖2

网箱养殖3

■ 网箱养殖 4　　　■ 稻田养殖

■ 室内水泥池养殖

■ 恒温设施养殖

■ 室外水泥池养殖

■ 大水面吊养 1

■ 大水面吊养 2

■ 大水面吊养 3

■ 大水面网箱养殖

■ 吊养网箱清洗

■ 吊养水蛭收集 1

■ 吊养水蛭收集 2

■ 网箱养殖水蛭收集 1　　■ 网箱养殖水蛭收集 2

水蛭暂养 1 　　　　水蛭暂养 2 　　　　水蛭暂养 3

水蛭晾晒

（a）肥水时的水色 　　　　　（b）中度肥水时的水色

彩图 4-6　正常的池塘水色

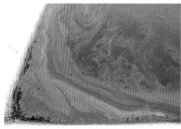

（a）蓝绿藻过多的水色 　　　　　（b）褐藻过多的水色

彩图 4-7　两种不良水色

黑鱼　　　　　　黄鳝　　　　　　虾虎鱼

鳜鱼　　　　　　鲶鱼　　　　　　黄颡鱼

野鲤鱼　　　　　野鲫鱼　　　　　鳑鲏鱼

麦穗鱼　　　　　餐鲦鱼　　　　　泥鳅

草鱼　　　　　　　　　青鱼

彩图 8-9 部分鱼类图

池塘标准化养殖致富丛书

标准化健康养水蛭

臧德法　叶雄平　牟长军　编著

化学工业出版社

·北京·

水蛭以它特有的药用和食用价值，成为近年来水产养殖的热点。本书以水产品质量安全问题、健康养殖规范化操作问题等技术要点为切入点，从水蛭的饵料培育，水蛭的养殖技术、繁殖、苗种培育、病害防治、采收加工、药用价值等方面，图文结合，进行了深入浅出的介绍，介绍了池塘养殖、水泥池养殖、专用养殖桶工厂化养殖、地面网箱养殖、深水网箱养殖、围栏养殖、稻田养殖、吊网养殖、庭院养殖、沟渠养殖、塑料大棚反季节养殖等养殖方式，对水蛭饵料培育也做了介绍，力求做到养殖从业者"看得懂、做得到、养得好"，助力养殖者向规模化、标准化养殖转变，以赢得更大的效益和发展空间。

本书适合广大有志于养殖致富的朋友，规模养殖场管理与技术人员、农业技术推广员、相关科技人员阅读参考。

图书在版编目（CIP）数据

标准化健康养水蛭/臧德法，叶雄平，牟长军编著.
北京：化学工业出版社，2016.4
（池塘标准化养殖致富丛书）
ISBN 978-7-122-26402-2

Ⅰ.①标… Ⅱ.①臧…②叶…③牟… Ⅲ.①水蛭-池塘养殖-淡水养殖 Ⅳ.①S865.4

中国版本图书馆 CIP 数据核字（2016）第 040490 号

责任编辑：李　丽　　　　　　文字编辑：赵爱萍
责任校对：边　涛　　　　　　装帧设计：关　飞

出版发行：化学工业出版社（北京市东城区青年湖南街 13 号　邮政编码 100011）
印　　装：三河市延风印装有限公司
850mm×1168mm　1/32　印张 6　彩插 5　字数 175 千字
2016 年 6 月北京第 1 版第 1 次印刷

购书咨询：010-64518888（传真：010-64519686）　售后服务：010-64518899
网　　址：http://www.cip.com.cn
凡购买本书，如有缺损质量问题，本社销售中心负责调换。

定　　价：26.00 元

丛书编委会

前　言

　　水蛭以它特有的药用价值和食用价值，成为近年来水产养殖中一个新的养殖热点，也成为水产品结构调整的一条新途径。从水产养殖的历史发展与养殖品种来看，水产养殖从未涉及环节动物的养殖，水蛭养殖不仅对于广大养殖从业者来讲，是一个全新的领域，对于从事水产养殖研究和推广的科技人员来讲，也需要对知识进行更新换代，也需要重新学习，本书在此时期出版意义重大。

　　本书从水产品质量安全问题、健康养殖规范化操作问题等技术要点切入，对水蛭的饵料培育，水蛭的养殖技术、繁殖、苗种培育以及病害防治等进行了深入浅出的介绍，力求做到养殖从业者"看得懂、做得到、养得好"。对于科技人员来讲，能够为他们提供更多的一些来自实践的经验，提供一些翔实的参考数据，使他们通过更为科学的研究，更好地丰富水蛭养殖技术，指导广大水蛭养殖从业者通过水蛭养殖这一新的致富途径获得更大的经济收入。

　　水产品的健康标准化养殖是我国政府十分重视的一个问题，它直接关系到人们的食品卫生安全和身体健康。水蛭养殖更是如此，除了食品安全外，还有一个医药安全问题。随着水蛭自然资源的大幅度下降和水质污染对水蛭资源与品质的影响和破坏，今后药用水蛭主要来源会从自然捕捞转向到人工养殖，所以，水蛭人工养殖的产品质量直接关系到人们的身体健康。为了指导水蛭养殖从业者生产出高质量的水蛭产品，本书重点围绕水蛭的健康养殖、标准化养殖、规范化养殖进行了介绍，避免不规范、不健康、不标准的养殖方式影响养殖产量和质量，威胁人民的身体健康。

　　本书在编写过程中参考了许多专家的文献资料和书籍，借鉴了许多水蛭养殖者的成功经验，在此谨向原作者和出版单位以及生产第一线的从业者致谢！

科技的发展日新月异，技术也在不断地更新，水蛭养殖作为一种新的水产养殖品种还有许多技术需要我们去研究、探索和总结。由于编写时间仓促，笔者水平有限，本书疏漏之处在所难免，敬请广大读者批评指正。

编著者
2016 年 2 月

目　录

第九章　水蛭的采收、加工与药用价值 / 172

第一章

我国水蛭养殖现状

➡ 第一节　水蛭养殖的历史

　　水蛭，俗名蚂蟥、马鳖，属环节动物门，蛭纲，颚蛭目，水蛭科，在内陆淡水水域内生长繁殖，是我国传统的特种药用水生动物，水蛭含有水蛭素，能延缓和阻碍血液凝固，从而有抗凝血作用。其干制品炮制后入中药，可治疗中风、高血压病、闭经、跌打损伤等。中国联合市场调研网指出：近年新发现水蛭制剂在防治心脑血管疾病和抗癌方面具有特效。

　　水蛭从前主要用于中药的配伍，用量较少，以自然捕捞为主。在大农业发展阶段，由于农药、化肥等滥用及工农业"三废"对环境的污染，野生自然资源锐减，加上水蛭原有的生活水域被改造为良田、鱼池等，使其生活空间日渐减少。随着水蛭药用价值的深度开发以及食用市场的开发，其市场需求潜力巨大。我国从 1995 年前后开始捕捞自然苗种，首次进行人工饲养，获得成功。北方地区因苗种和技术原因到目前为止，很少有人进行养殖。

　　改革开放以后，我国的粮食生产得到了空前的发展，迅速解决了我国十多亿人口的吃饭问题。如何提高农民收入，如何进行产业结构调整，如何提高我国人民餐桌上的菜谱质量，提高人们的生活水平，成为当时"三农"的主要问题。党中央调整农村产业结构的政策及其具体措施迅速下达到农村，当时具有标志性的措施就是"菜篮子工程"，使当时的养殖业越来越得到人们的关注，成为广大农村及城镇居民和下岗职工的首选致富项目，水产业与其他养殖业一样取得了巨大发展成就，解决了我国人民"吃鱼难"的问题，不仅在促进农村产业结构调整、转移富余劳力、增加农民收入、扩大水产品贸易等方面都作出了重要贡献，而且还大大丰富了人们的菜篮子，提高了人们的生活质量。但随着水产业的发展、养殖技术的普遍提高，以及养殖成本的增加，养殖者的收入越来越低，急切需要新的项目来进行产业结构的调整，除了鱼类养殖品种调整以外，其他的水产动物养殖也成为水产养殖的一部分，成为新型的水产养殖项目。水蛭养殖随着近年来的开发，已经成为水产养殖一个新的切入点。

我国水蛭养殖业源于20世纪90年代初，养殖的发展主要原因就是水蛭的价格问题，当时的价格达到80元/kg，由于野外水蛭资源越来越少，使得水蛭的人工养殖成为新型养殖项目。多少年来，水蛭作为令人恶心的、讨厌的吸血鬼，根本就用不着去养殖，提到水蛭养殖，绝大多数人会持反对态度来看待这个事情，只有极少数人在进行小规模的尝试。但随着水蛭市场价格的进一步攀升和市场需求的进一步扩大，水蛭养殖到目前为止，已经形成了其基本的养殖技术体系和生产规模。

第二节　水蛭养殖的现状

水蛭养殖真正起步是近几年，由于中药市场的开发，特别是关于心血管药物方面的研究取得重大成果以后，水蛭的需求量大大增加，原有的市场供应远远不能满足市场需求，水蛭养殖发展迅猛，已经发展成为了一个新兴的水产养殖产业，在一些地方已经形成了产业化。但是，行业超前发展太快，科研步伐跟进太慢，在一定程度上制约了水蛭养殖的发展。所以，目前的水蛭养殖无论是从养殖形式，还是养殖技术水平方面还基本处于一个初级发展阶段。高水平、集约化的养殖基本没有开展。从地域发展来看，与其他水产品养殖一样，也出现了南方强于北方的态势。目前南方有些地方规模化养殖已初具规模，而北方还处于一个初级发展的零星养殖阶段。

第三节　水蛭养殖业中存在的问题与解决建议

一、养殖观念需要改变

水蛭，又叫蚂蟥，一直以来，成为了吸血鬼的代名词，被人们敬而远之。多年来，人们对鱼类的养殖已经司空见惯，而对于水蛭的养殖却知之甚少，要想从传统的养殖方式中转向水蛭养殖还有一个过程。一方面人们要根据市场的要求，自觉转变观念；另一方面政府部门应该多组织一些技术讲座、技术示范以及实地考察，打消养殖者的顾虑，增强他们养殖的信心，使其从养殖效益低的传统养殖方式中调整到养殖效益高的水蛭养殖上来。

二、养殖技术有待提高

由于水蛭养殖历史较短，有许多技术还有待于完善，如野生水蛭的驯养、人工繁殖、苗种培育、越冬以及成蛭养殖的高产技术等，这些技术目前还处于一个低水平的发展阶段，还有很大的提升空间。要提升这些技术，除了养殖者在实际养殖过程中的摸索与总结以外，还需要国家投入相应的科研资金，进行专项研究，对一些关键技术进行攻关，加快水蛭养殖技术的成熟速度。

三、品种的选育基本没有开展

目前用于养殖的主要为宽体金线蛭和医蛭两种水蛭，其他品种的水蛭少有人涉及。就目前养殖的两种水蛭，进行专项选育的基本没有，只是选择个体大的、身体健康的而已。任何一种养殖品种，仅靠这种初级的选育方式对于生产力的提高是很有限的。在自然界中，繁衍过程就是一个优胜劣汰的过程，体质差的、个体小的，获得繁衍的机会就少一些，体质弱的个体，在自然界中那种比较恶劣的条件下，会自然淘汰。所以，通过初级选育不可能达到理想的效果，只有通过科学的选育，才能得到优质的水蛭养殖品种。

四、高产技术有待提高

高产技术是实现效益最大化的重要手段，在水产养殖中，除了常规养殖形式下的高产技术外，还包括集约化生产技术。就目前水蛭养殖产量来讲，大多数还处于一个初级水平，只有池塘网箱养殖产量相对来讲要高一些，集约化养殖还没见报道。要想获得高产，还需要从水蛭的生活特性、摄食行为、饲料、病害防治、水质条件、育种技术、养殖方式等多方面综合研究，才能获得突破性的进展，高产技术才是产业发展腾飞的动力加速器。

五、病害防治工作需要加大力度

任何一个养殖品种，在集约化养殖的条件下，疾病的发生率比粗放式养殖要高得多。随着新的养殖方式和养殖模式的出现，疾病的发生率将会进一步加大，如何利用现代疾病防控技术，做到在不影响水蛭生长和产品质量的条件下，做好疾病防控，为最大限度地挖掘生产潜力提供技术保证，在此方面还有许多工作要做。

六、生产凌乱，缺乏统一的规划与协调

水蛭生产，相对于其他水产品生产来讲，由于生产量小，主要用途在于医药的开发与利用，是一种跨行业的产业，在生产管理与项目扶持上，职能部门很难达到统一的认识，目前的生产基本上是个人行为，没有纳入水产部门的统一管理范围，医药部门也只管收购，不管生产，所以形成了一个相对真空的状态，在新技术研发、技术推广上得不到科研的支撑；在产业扶持与调整上享受不到政府项目的扶持；由于规模小，布局凌乱无序，也无法组成产业联合，形成不了合力；这些都不利于产业的快速发展。但随着市场需求量的加大，水蛭药用价值的进一步开发，已经引起了国家有关部门的重视，相应的科研项目以及产业扶持项目和技术推广项目也会得到落实。

七、规模化生产还有待时日

虽然水蛭的市场需求在逐渐增大，价格也在逐年飙升，但水蛭的养殖技术相对于其他特色水产品养殖还处于一个十分低下的状态，技术不成熟，难以进行大规模的生产，只能靠现在这种零星的生产来供应市场，估计这种状态还要持续一段时间。但随着国家对

水蛭生产的越来越重视，水蛭生产从技术上取得了突破，饲料由科学的饲料配方替代目前单一的天然饵料来源，疾病防控方面形成了有效的防控体系，优质的养殖品种研发成功，规模化的生产会指日可待。

八、水蛭养殖人工饲料还有待开发

水蛭的饵物是制约水蛭养殖的另外一个技术问题，相对于其他水产动物来讲，水蛭饵料的选择十分狭窄。在开口阶段饵料的选择没有特殊要求，除浮游生物等饵料外，还可以直接吸取幼螺的体液作为饵料，只是捕食能力较差。但在蛭种、成蛭以及亲蛭养殖阶段，对饵料的选择就十分狭窄，宽体金线蛭基本只靠螺蛳为食；医蛭除了螺蛳以外，也只能吸取动物血液为食。这种苛刻的饵料选择，不仅因为饵料的供应限制了大规模养殖的发展，也会造成养殖成本的上升，而且还会威胁到螺类的自然资源，不利于产业的发展。因此，需要对水蛭的饵料习性、营养配比、摄食行为等进行科学研究，研究出适合水蛭生理需要的科学配方，实现工业化生产，这样才能给水蛭规模化养殖提供饲料保证，利于水蛭养殖快速发展。

九、繁殖技术与越冬技术有待提高

目前水蛭的孵化率不高，高的也只有 50% 左右，水蛭养殖主要依赖于自然繁殖来获得苗种，有的通过人工孵化提高水蛭的孵化率，而人工孵化在收集卵茧时又会破坏新产卵的卵茧，影响了群体孵化率。每个水蛭每年能够繁殖孵化出 300 条左右，虽然水蛭子代可以当年繁殖，可以大大增加群体繁殖量，但子代繁殖的子二代面临着越冬的问题。水蛭的越冬在稀养条件下成活率较高，而在规模化、高密度下越冬的成活率只有 30%。所以水蛭的繁殖以及越冬成活率是除了饵料无法进行工业化生产外的另一个技术性瓶颈问题，只有通过科技人员的不断攻关才会有所突破。与其他水产品养殖一样，只有在人工繁殖方面取得重大突破才能给水蛭产业发展提速。国家可以通过组织技术专家进行技术攻关，使水蛭的人工繁殖率和越冬成活率提升到一个新的高度。

第四节　水蛭标准化健康养殖的必要性

一、现代渔业发展的需要

标准化健康养殖，是政府根据现代渔业发展提出的新要求。以往的生产，主要以个体经营为主，生产管理、苗种选购、饲料选择与投喂、疾病防控等没有统一的要求，也没有统一的技术标准作为技术指导，生产上随意性较大，也出现了许多问题，投入大，收益小。收益主要是劳动力的收入，也就是说是通过劳动力来换取的经济收入，成为一种廉价的劳动收入，没有从生产规模和产品价值上获得更大的收益；在苗种选购上缺乏科学的选购意识，苗种质量无法保证；饲料选择没有根据养殖对象及养殖对象的不同阶段选购饲料并进行科学的投喂；病害防控方面只考虑病害的防控，不考虑药品对水产品品质的影响和对环境的影响等，不仅无法生产出高质量的水产品，而且还会对环境造成污染，与现代渔业的发展要求相差甚远。现代渔业的发展，要求生产者或生产企业的生产向工业化生产管理靠拢，每个生产环节和阶段必须按照标准化生产的要求完成，这样，不仅能够减少生产成本，减轻劳动负担，而且能够提高产品的附加值，增加生产者的收入，生产的产品也是市场可接受的健康产品。通过标准化生产，还减少了生产对环境的影响，有利于产业的健康发展。

水蛭养殖作为一种新兴养殖品种，是市场给水产养殖提供的一个新的生产平台。水蛭养殖虽然起步较晚，也必须按照现代渔业发展的产业要求进行，这样才能使水蛭养殖从起步之初就步入一种良性发展轨道，利于水蛭产业健康稳定的发展。

二、产业结构调整的需要

产业结构调整，就是要因地制宜，发展能够提升地方经济的高科技农业项目，是实现当前水产生产经济结构转型，发展特色渔业，带动广大农户增产增收、脱贫致富的有效途径。水蛭养殖，是一种新兴的、附加值较高的淡水养殖项目。它具有耐低氧、病害少、价格高、市场需求量大等特点，是理想的产业结构调整选择项目。结构的调整，意味着生产意识、管理理念、操作习惯等都会做全新的调整。在这个时期，推广应用标准化健康养殖技术是农民最愿意接受的时期，这不仅对农民生产有很大的帮助和提高，也对产业的健康发展有着十分重大的意义，是农民发展生产的需要，是政府发展产业的需要。

三、营养的需要

　　水蛭是近几年开发的一种健康食材，它不仅营养丰富，而且还具有较好的药用价值和食疗与保健作用。它的主要成分是蛋白质、多肽、微量元素和脂肪酸等。水蛭干粉中含有丰富的氨基酸，还含有人体必需的多种微量元素。锌和铁的含量较高，锌元素广泛地参与蛋白质酶、糖类、核酸、脂肪的代谢等基本生化过程，已知有300多种酶的活性与锌有关。并且锌能提高人体免疫力，具有抗癌功能。要生产健康的食材，标准化健康养殖是必须的。

四、市场的需要

1. 国内市场

　　由于水蛭具有药用、保健、食疗和食用价值，特别是它的药用价值日渐提高，主要是因为通过水蛭开发的新药，对于治疗和预防心脑血管疾病等疗效显著，使国内对水蛭的市场需求量日益增大，每年市场需求在 $3 \times 10^6 kg$（湿品）以上，呈逐年上升趋势。随着烹饪的发展和水蛭药用、保健方面的开发，年需求量还会进一步提高，而目前能够投放市场的水蛭只有不足 $1.4 \times 10^6 kg$（湿品），缺口十分巨大。这 $1.4 \times 10^6 kg$（湿品）中还有一大部分为野外捕捞产量。虽然市场需求巨大，但水蛭生产能力有限，现在的生产能力无法满足市场的需求，主要原因还是水蛭的养殖技术还不够成熟，生产规模太小等因素严重制约了水蛭养殖的发展。这种矛盾只有解决了水蛭养殖的诸多技术问题以后可望有所改变。

2. 国际市场

　　虽然我国利用水蛭治疗疾病较早，但国外也有许多地方很早就利用水蛭治疗某些疾病，如古埃及塔中就有利用水蛭治疗的画面，世界上不少国家在古代都有利用医蛭吸血的习性来给患者吸取瘀血，特别是在欧洲曾大量采用。目前国外也对水蛭的药用价值进行了开发利用，从我国进口水蛭产品的需求量逐年上升，水蛭已经出口到德国、日本、韩国等国，随着市场的需求和对水蛭药用价值、食疗价值、保健价值和食用价值的进一步挖掘，国际市场对水蛭的需求量将进一步增加，这需要成规模的标准化健康养殖来满足市场的需求。

五、资源保护的需要

虽然人工养殖致使水蛭的自然资源进一步减少，但与鱼类一样，人工养殖也是一种资源的保护手段，尽管水蛭的资源保护与鱼类有所不同，但可以通过一定的生物技术达到资源保护的目的。人工养殖对自然资源的破坏，主要是掠夺式捕捞和化学药物的杀灭。除了加强捕捞管理与药物的安全使用管理外，资源的补充是资源保护的重要手段。通过建立保护区和把人工养殖的水蛭进行人工放流，可以使水蛭资源得到有效的保护。

六、药用价值的需要

水蛭具有很高的药用价值，在我国古书《神农本草经》中已有记载，水蛭以干燥全体入药。水蛭含水蛭素和蛋白质，具有活血、散瘀、通经的功效。在临床上多用于闭经、血瘀腹痛、跌打损伤、瘀血作痛等病症。近年来用活水蛭吸取术后瘀血，使血管畅通；又用水蛭配其他活血解毒药，用于治疗肿瘤；用活水蛭加纯蜂蜜制成一种注射剂，经结膜注射能治疗角膜斑翳初发期的膨胀性老年白内障。现已开发出 20 余种药物，是紧俏中药材之一。

长期以来我国人民就把水蛭作为一种祛病的良药。最早把水蛭用于医药记载的，要数秦汉时期的《神农本草经》。此后各朝代对水蛭的医用都有记载。梁代陶弘景的《名医别录》中把水蛭称为"马蜞"。尤其在明代李时珍编著的《本草纲目》中，对水蛭有详细的记载：水蛭、至掌。大者名马蜞、马蛭、马蟥、马鳖。气味咸、苦，性平，有毒。主治逐恶血瘀血月闭，破血癥积聚，无子，利水道。

现代中医药典中认为水蛭具有破血通经、消积散瘀、消肿解毒和堕胎等功效。1986 年，在全国活血化瘀学术报告中，水蛭被确定为 35 种活血化瘀的中药材之一。近几年的研究发现，水蛭对治疗肿瘤、肝炎和心血管疾病也有一定的疗效。研究表明，水蛭中含有多种治疗心脑血管疾病的有效成分，如水蛭素、溶纤素、裂纤酶等。其中，水蛭素是迄今为止发现的世界上最强的天然特效凝血酶抑制剂，能够阻止血液中纤维蛋白原凝固，抑制凝血酶与血小板的结合，具有极强溶解血栓的功效。国内外的整形外科和显微外科医生利用水蛭清除手术后血管闭塞区的瘀血，可使静脉血管畅通，减少坏死现象的发生，为静脉血形成侧支循环赢得了时间，从而提高了再植或移植手术的成功率。

由于水蛭在医药上的应用广泛，所以需求量很大。市场的需求，已经不能只依赖自然资源捕捞利用，自然捕捞量在医药需求中所占比例将会越来越少，必须通过人工标准化健康养殖来补充。

七、食品安全的需要

食品安全是关系广大消费者健康的头等大事，只有标准化的健康养殖，才能生产出安全的产品。众所周知，水蛭养殖的利润比一般的淡水养殖品种要大得多，势必会使得一些急功近利的养殖者疏于安全意识，把一些非常规的手段应用到生产中，从而影响产品质量，进而对消费者的健康产生危害。所以水蛭标准化健康养殖，不仅能够保证产品质量，保护消费者的合法权益，还能保障水蛭产业的健康发展。

第二章

水蛭养殖的前景与效益分析

第一节　水蛭养殖的前景

　　水蛭在许多药方中得到应用，现存最早的药学专著《神农本草经》中就有记载；此外，在李时珍的《本草纲目》和《中华人民共和国药典》中也有记载。近年来，国内外科学家发现，水蛭体内的水蛭素、溶纤素、裂纤酶、待可森有缓解动脉痉挛、降低血液黏度、扩张血管、增加血液循环、促进对渗出物的吸收等功能，且疗效显著。在生物化学方面，可以利用水蛭来进行人体凝血酶的定量分析。在民间，有利用水蛭治疗急性结膜炎、角膜炎、痔、扁桃体炎、败血症、血瘀、跌打损伤、妇女经闭等的习惯。制药方面，在20世纪80年代末就出现了以水蛭（宽体金线蛭、茶色蛭）为主要原料的"脑血康口服液"，现在，以水蛭为主要材料的生产厂家已经越来越多，产品也层出不穷，主要产品有欣复活血通脉胶囊、韩氏瘫速康、脑乐泰、通心络、活血通栓胶囊、血栓心脉宁等众多心脑血管新药。近年来随着具有治疗心脑血管疾病的静脉注射液的问世，使以水蛭为原料的药品应用更为广泛，使需求量更大。

　　1989年前，水蛭的干品一年的需求量不超过 2.0×10^4 kg，只有从野外捕捞，市场价格也只有 $10 \sim 20$ 元/kg，价格较为平稳。之后，由于以水蛭为原材料的药品不断涌现，市场需求量增加了 $4 \sim 5$ 倍，到2000年，市场需求量已经增加到了 2.4×10^5 kg 以上。近年来，市场需求量已经达到 4.5×10^5 kg 以上，而市场供应量只有 $(2 \sim 3) \times 10^5$ kg，缺口巨大。在价格上也是逐年攀升，1996年 $70 \sim 80$ 元/kg（干品），1997年 90 元/kg，1998年 110 元/kg，

1999 年 120～135/kg，2001 年暴涨到 180～200 元/kg，到现在更是达到 1200 元/kg，二十多年价格上涨了近百倍，市场供应还是很紧张，其市场价格还会大势趋升。

随着社会经济的发展，物质生活的进一步改善，供应越来越丰富，使心血管疾病正呈上升趋势，目前已经成为人类死亡的第一大杀手。而由水蛭为主要原料的合成药有望成为这一顽症的克星。同时，由于人们对生活质量的要求越来越高，各种以水蛭为原材料的保健用品也会越来越多。近二十多年来，由于湖泊、河流、水库污染严重，稻田中化肥、农药的广泛应用，使水蛭资源越来越少；围湖造田、围湖养鱼使水蛭的生活空间越来越少；高利润造成乱捕滥杀，加大了水蛭资源的枯竭速度，导致自然资源损失了近九成。野外捕捞远远不能满足医药的需要。

在食材的开发上，由于水蛭营养丰富，味道独特，食疗效果明显，水蛭已经爬上了餐桌，成为了食客们新的美味佳肴，使水蛭市场供应缺口进一步扩大。

另外，虽然水蛭的品种众多，但能够药用的只有宽体金线蛭、日本医蛭、茶色蛭和菲牛蛭。为弥补自然资源的短缺，保护珍稀而有限的野生资源，人工养殖势在必行。这一特种养殖业，对促进人类健康、维护生态平衡、繁荣地方经济、增加农民收入都具有十分重要的意义。

第二节　养殖实例及效益分析

一、湖面无土吊网箱养殖

实例 1. 山东微山县微山岛乡万庄渔民

养殖区域：山东省微山湖。

水质条件：水深 1.5m，水质达到国家地表水三类标准。

养殖形式：在自己承包的大湖围栏养殖上进行无土吊网箱。

养殖数量：0.5m² 的无土吊网箱 300 口。

放养情况：人工繁殖幼苗 150 口网箱，野生青年水蛭 150 口网箱。

放养品种：宽体金线蛭。

饲养方式：定期向无土吊网箱中投放螺蛳。

收入情况：收水蛭鲜品 740.5kg，收入 10.3 万元，纯利 4.9万元。

【经济分析】

1. 人工繁殖 1 期幼水蛭苗养殖

养殖周期 110 天（6 月 8 日投放幼苗，9 月 26 日收获）。6 月 8 日每个 0.5m² 网箱投放平均体重 10mg 人工繁殖幼苗 300 条；9 月 26 日收获，每网箱平均收获水蛭 2.4kg，最重达到 3.0kg，水蛭个体平均重 18.4g，成活率为 43.8%。经济效益每口网箱可以收入336 元，纯利 186.2 元。

成本核算如下。

网箱：5 年使用两口网箱，每个 50 元，5 年折旧每年成本 20 元。

水蛭苗种开支：300 条/箱×0.15 元/条=45 元/箱。

螺蛳开支：2.4kg×40kg×0.8 元（20kg 螺蛳产 0.5kg 水蛭）=76.8 元。

养殖辅助用具（竹竿、绳、柴油）：8 元/箱。

合计：20+45+76.8+8=149.8 元。

每箱的纯利：336−149.8=186.2 元。

折算成每 667m²（亩）的收入为：2.23 万元［是以 667m²（1 亩）为养殖单位计算］。

每 667m²（亩）套养鱼类收入：0.3 万元。

每 667m²（亩）获利：2.53 万元。

2. 野生青年幼水蛭苗养殖

养殖周期 75 天（7 月 11 日投放幼苗，9 月 25 日收获）。7 月 11 日每个 0.5m² 网箱投放收购的野生幼苗 0.5kg，平均体重 3.5g，140 条左右；9 月 25 日收获，每网平均收获水蛭 2.53kg，水蛭个体平均重 21.6g，成活率为 83.6%。经济效益每网可以收获纯利354 元。

成本核算如下。

网箱：12 元/（个·年）（养殖周期短，使用年限长）。

水蛭苗种开支：110 元。

螺蛳开支：2.53kg×40kg×0.8元（20kg 螺蛳产 0.5kg 水蛭）＝81元。

合计：203 元。

每箱的纯利：354－203＝151 元。

折算成每 667m²（亩）的收入为：1.81 万元。

每 667m²（亩）套养鱼类收入：0.3 万元。

每 667m²（亩）获利：2.11 万元。

【实例分析】

本例是一种全生态养殖，虽然放养量不大，但工作量很少，只每隔一段时间补充螺蛳和进行网箱冲洗，其他的工作不多。围栏养殖，养鱼是主体，水蛭养殖是在围栏中的套养方式，是对水体的一个综合利用。围栏养鱼主要收入也是养鱼，而水蛭养殖是在完全不影响鱼类养殖的情况下进行，对鱼类养殖没有任何影响，收入却大大超过了鱼类收入，是大湖围栏养殖中一种很好的搭配养殖项目。

实例 2. 江苏徐州窑湾镇三村村民

养殖区域：本地养殖水面。

水质条件：池塘养殖水质条件。

养殖形式：无土吊网箱。

放养品种：宽体金线蛭。

饲养方式：吊养。

养殖数量：10005m²（15 亩）养殖水面养殖 1500 网箱。

养殖情况：养殖周期 80 天（7 月 20 日投放幼苗，10 月 10 日收获）。7 月 20 日每个 0.5m² 网箱投放收购的野生幼苗 0.5kg，平均体重 3.5g，140 条左右；10 月 10 日收获，每网箱平均收获水蛭 2.4kg，水蛭个体平均重 20.3g，成活率为 84.5%。每网箱可以收获纯利 123.2 元。

收入情况：2014 年养殖，利用自己 10005m²（15 亩）养殖水面养殖 1500 网箱野生青年苗（0.5m²/网），收货成品鲜水蛭 3450kg，收入 50 万元。纯利润 18 万元。

【经济分析】

网箱成本：12 元/（个·年）（按 5 年折旧）。

水蛭苗种开支：110 元。

投放食物螺：2.4kg×40×0.8 元/kg（20kg 螺产 0.5kg 水蛭）＝76.8 元。

养殖辅助用具：21 元/网（铁架、浮桶、绳、柴油），按 5 年使用年限折算，每年约 4 元。

人工：2 人 [2500 元/（人·月）]，每个网箱分摊 10 元（两人每月工资共计 5000 元，养殖 80 天，按 3 个月计算，工资总计 15000 元，养殖 1500 个网箱，每个网箱分摊工资成本为 10 元）。

成本合计：212.8 元。

每箱毛利：2.4kg×140 元/kg＝336 元。

每箱纯利：336－212.8＝123.2 元。

每 667m² （亩）纯利：123.2×100＝1.232 万元 [按每 667m²（亩）100 口网箱计算]。

10005m² （15 亩）的纯利为：123.2×1500＝184800 元。

【实例分析】

此例为利用池塘以网箱吊养水蛭为主的一种养殖形式，池塘除了养殖水蛭以外，还可以放养其他鱼类，由于鱼类在网箱外活动，不会影响网箱内的水蛭。网箱内的水蛭是以投喂田螺为主的养殖方式，所以，池塘中还可以放养一些调水鱼，比如白鲢、花鲢，如果水草较多，也可搭配一些草鱼或鳊鱼，也可少量搭配一些鲤鱼或鲫鱼。为减少清洗网箱的劳顿，可以套养一些细鳞斜颌鲴等刮食性鱼类，减少固着藻类在网箱上的附着，影响水体交换，保障网箱内的水质条件。本例没有记录池塘鱼类收入，一般情况下，纯利也在每 667m² （亩）1000 元左右，这样计算，鱼类收益也可达到 1.5 万元，实际 10005m² （15 亩）的纯利近 20 万元，每 667m² （亩）纯利达到 1.3 万元，这是一般的鱼类养殖难以达到的水平。

二、水泥池养殖水蛭

实例 3. 湖北荆州李埠镇金双村村民

水质条件：采用鱼类养殖用水。

养殖形式：水泥池养殖，水泥池规格为 3.5m×20m×1m。

养殖数量：水泥池 13 个。

放养品种：宽体金线水蛭。

放养情况：放养自己繁殖的宽体金线水蛭，收成品鲜水蛭1650kg，加工成干品水蛭收入 26.4 万元。纯利润 10 万元。

【经济分析】

养殖用水泥池：2012 年建成投入 20 万元，折旧：4 万元/年。

水蛭苗：40 万条（自繁殖）	5 万元
投放食物螺 3.5×10⁴kg	5.6 万元
养殖辅助用具（电费、运输、遮阳）	1.6 万元
成本合计	16.2 万元
产出毛利（加工后出售）	26.4 万元

纯利：$26.4-16.2=10.2$ 万元。

【实例分析】

此例为水泥池养殖的一个例证。实际占用土地只有 910m²，折算成每 667m²（亩）收入达到 7 万元以上，这是任何种养殖品种的收益都难以达到的水平。针对现在许多原来用于其他养殖的水泥池空闲的状态，这种养殖形式是可以借鉴和参考的。

三、稻田网箱养殖水蛭

实例 4. 江苏邳州强顺水蛭养殖有限公司

养殖区域：江苏邳州新河镇闫老庄村。

水质条件：水稻种植水源。

放养品种：宽体金线水蛭饲养方式。

饲养方式：稻田网箱养殖。

放养情况：2012 年以每 667m²（亩）地 800 元租赁闫老庄村土地 1.34×10⁵m²（200 亩），全部建设地面养殖网箱投入 200 万元，当年养殖 6.67×10⁴m²（100 亩）略有亏损。2013 年 1.34×10⁵m²（200 亩）网箱全部进行养殖，年终盈利 30 万元。2014 年在有成熟养殖技术和丰富养殖经验的情况下继续养殖 1.34×10⁵m²（200 亩）网箱水蛭。收获鲜水蛭 2.9×10⁴kg，收入 435 万元，盈利 110 万元。

【经济分析】[每 667m²（亩）成本分析]

土地租金	800 元
网箱建设投入年平均摊	1000 元/年

苗款	8000 元
螺	6000 元
人工及维护管理费	500 元
667m² （1 亩）成本汇总	16300 元
产出收入：145kg×150 元/kg	21750 元
盈利	5450 元

【实例分析】

稻田是水蛭生活的水域之一，稻田养殖水蛭应该是可行的，本例中有失败的教训，也有成功的经验，说明尽管在水蛭熟悉的水域进行养殖，但由于放养密度的加大，生活空间的改变，也会对水蛭产生影响，有时甚至是致命的影响。本例中的养殖户是一个有心人，在失败后，及时总结，调整喂养思路，达到了理想的目的。每 667m²（亩）5000 元以上的收益也是一般种养殖的中上等水平。此例的意义不在于每 667m²（亩）的收益，而是这种养殖形式是一种可以实现规模化养殖的养殖形式。

第三章

水蛭的生物学特性与
养殖品种与饵料

第一节　水蛭的生物学特性

一、水蛭的生活环境

1. 栖息环境

水蛭生活在淡水中的稻田、沟渠、池塘、水库、湖泊等处。喜欢水流动缓慢，水草、浮游生物和环棱螺、中华圆田螺以及其他水生动物较丰富的浅水水域。平时多集中吸附在岸边、水底物体和水生植物上，也有钻入泥土和水生植物的根系中的。水蛭不喜欢深水、流水和底部淤泥较多的水环境，因为水蛭的游泳能力较差，一般情况下都是附着在其他物体上歇息，水较深时，游泳距离过长，水压过大，会对水蛭的生活和生长产生影响；水蛭游泳能力不强，没有能力抵御较大的水流冲击，在水流较大时，也无法掌握运动的方向，所以一般不会出现在水流较急的水域；水蛭有较强的耐氧能力，甚至可以离水较长时间，但从生长发育要求来看，还是喜欢水质较为清新、溶解氧充足的水域，水底过多的淤泥会影响水蛭的生活。水蛭对水环境的感受主要通过体表感受器感受水体波动状态，可以准确判断波动中心位置并迅速逆方向逃生。可以说，不规则的水流，水流较大，水蛭都判断为一种不安全因素，因此，水蛭适合在水流平缓的水域养殖。

2. 温度

温度是影响水蛭生长的重要环节，水蛭的适宜生长水温在18～

30℃，水温超过 32℃水蛭出现进食量减少，水温高于 40℃时水蛭开始出现干枯迹象后逐渐出现死亡。入冬后水温降到 3℃以下，水蛭开始进入水边湿度适宜的土壤中，蛰伏进入冬眠状态，潜伏的深度离地面 20～30cm，距水位线 40～50cm 处（不同地域潜伏深度会有差异）。第二年春季地温稳定在 8℃时水蛭开始出土。温度也是影响水蛭繁殖的重要因素，水蛭交配时要求温度不低于 15℃，产卵温度高于 18℃，卵茧孵化温度在 20～25℃。

3. 酸碱度、盐度

水蛭对水体的 pH 值有很强的耐受能力，对酸性环境的耐受能力强于碱性。在正常的水环境中，pH 值的变动不会造成水蛭的直接死亡。水蛭可以在 pH 值为 4.5～9 范围内长期生存。水蛭对盐度比较敏感，1%的盐水中水蛭没有出现逃生现象，2%的盐水中水蛭开始不适逃生，4～6h 后死亡。水蛭对水体水质的软硬度要求不大，软硬水体都可以生长，原则上没有被污染的淡水、自然水体都适合水蛭生活。盐度稍高的沿海地区不适宜水蛭养殖。

4. 溶氧量

水蛭可以长时间耐受缺氧环境，也可以长时间的离水而不死亡。因为水蛭在缺氧时体内共生菌可以进行厌氧呼吸。即使没有外界氧的进入水蛭假单胞杆菌也可通过发酵分解水蛭体内储存的血液等营养成分，短时间内维持自己的生命。在氧气完全耗尽的情况下，水蛭一般可以存活 2～3 天。

当水体中的溶解氧降低为 0.35mg/L 时，水蛭蛰伏在水底，但并没有出现死亡现象。表明水蛭能够耐受极低的溶解氧水平。实际生活中，水蛭大多生活在溶解氧为 0.7mg/L 的水域中，低于一定的溶解氧时，水蛭会钻出水面。溶解氧低于 0.7mg/L 的水域养殖水蛭会影响水蛭正常生长。水蛭虽然有一定耐缺氧性但水蛭非常喜欢生活在溶解氧充分水域。

5. 光照

水蛭对光的反应比较敏感，具有避光的特性，对强光照射有负趋势。水蛭白天一般躲在物体、草叶下等阴暗处。夜间或光线较暗时出来活动觅食。水蛭有避光性，并不是不需要光，在完全没有光的情况下水蛭生长缓慢，甚至会出现不繁殖的现象。因此，人工养殖水蛭的过程中，要避免强光直接照射，并给予适当的暗光照射，使水蛭能健康地生长发育。

二、水蛭的运动

水蛭的运动一般分为 3 种形式，游泳、尺蠖运动、蠕动。游泳时背腹肌收缩，环肌放松，身体平铺如一片柳叶，波浪式向前游动。尺蠖运动和蠕动通常是水蛭在水底或吸附在物体上爬行的形式，水蛭离水后运动也采用此种方式。尺蠖运动是前吸盘固定，后吸盘松开，体向背方向弓起，后吸盘移到紧靠前吸盘后吸着，前吸盘松开，身体尽量向前伸展。然后前吸盘再固定，后吸盘松开，如此反复交替吸附前行，行进速度较快。蠕动与尺蠖的区别在于蠕动时身体平铺于物体上，当前吸盘固定时，后吸盘松开，身体沿着水平面向前方缩短，接着后吸盘固着，前吸盘松开，身体再沿着平面向前伸展。这种运动方式较慢。

三、水蛭的繁殖

水蛭是雌雄同体异体交配受精动物，每只水蛭体内都有雌、雄生殖器，雄性生殖系统先成熟。宽体金线水蛭 3～4 月龄体重达到 4g，雄性生殖系统首先成熟，体重达到 5g 以上雌性生殖系统开始成熟。体重是性成熟关键，就宽体金线水蛭而言二年龄体重在 4g 以下也不表现为性成熟。

每年秋季、春季当水温在 12～20℃ 时，性成熟水蛭彼此开始在水中追逐，活动频繁，出现发情求偶兴奋状态。发情特征为雄性生殖器有突出物在伸缩活动，周围有黏液湿润。雌雄表现为，当两个发情水蛭遇到一起，两条水蛭腹面靠在一起，头部方向相反，一条水蛭阴茎插入另一条水蛭的阴道进行单体受精，把精子输送给对方。也有双方同时将阴茎插入对方阴道的双体受精，这种情况十分少见，绝大多数为单体受精。交配时间在 30min 到 1.5h 不等。

水蛭正常在春季产卵繁殖，个别出现秋季产卵现象。当气温达到 18～20℃ 时水蛭卵带部发育完全，水蛭开始由水中上岸钻入岸边湿度在 20%～30%、松软适度的土壤中，再向上方钻一个直径在 1～2cm 的小洞。水蛭前端朝上停留在洞中。产卵时，水蛭卵带部腺体先分泌一种稀薄的黏液，夹杂着空气形成肥皂泡沫状。之后另一种腺体再分泌另一种黏液，快速形成一层致密的卵茧壁包围在卵带周围。卵自雌孔产出，落入卵茧壁与身体之间的空腔内，并分泌一种蛋白液入卵茧内，受精卵停留在蛋白液中。此后，亲水蛭慢慢向后蠕动退出。在退出的同时，前吸盘腺体分泌形成的栓塞堵住前后两端开口。水蛭产卵活动可昼夜进行，雨后产卵非常集中。卵茧产后在洞中数小时后，卵茧壁逐渐硬化，壁外的泡沫层逐渐风干，形成蜂窝状或海绵状保护层。

四、水蛭的进食

水蛭没有眼睛，只有 10 个呈半月形排列的眼点，主要是感觉光线强度和方向的感觉性细胞，也可以通过感受器感受水流方向、温度、压力、化学物质变化、食物位置。水蛭趋食性非常差（吸血水蛭趋食性很强），这是水蛭养殖区别于水产养殖的关键之处，也是国内水蛭养殖企业按水产养殖经验养殖水蛭一直没有突破的问题所在。

水蛭摆动时可以捕获藻类和浮游生物，水蛭主要食物为软体动物中有靥类螺的体液。大量实验证明水蛭不吸食软体动物中蚌类、没靥类螺体液。大的水蛭可以投食比口器小的新产幼螺和腐螺肉，也是水蛭秋季成熟后易患肠道疾病的原因。

水蛭感受到螺后，后吸盘先吸住螺体，头部探试是否为有靥活螺。确认有靥后，后吸盘就一直吸附在螺体进行等待，螺活动时水蛭迅速把头部前吸盘伸入螺体内，由体内吸食螺体液，体液吸干后退出。食物短缺时水蛭可以静等 6~8h。

时刻保证水蛭有高密度的活螺数量，是人工养殖水蛭成败与否的关键。水蛭捕食食物的规律为 2 天内可以捕食 30％、3~5 天可以捕食 20％、6~9 天可以捕食 10％，逐渐递减。7 月中旬到 9 月底，每 5~7 天彻底换掉旧食，重新添加新食。每次加食量以水蛭数量的 5~7 倍量为宜。

➡ 第二节　养殖品种介绍

水蛭属于环节动物门，蛭纲，雌雄同体。水蛭的种类较多，分布在世界各地，共有300多个种类，我国有116种。但真正能够入药的很少，目前只有2类，一类为宽体金线蛭，它不含水蛭素；另一类为医蛭，主要包括茶色蛭、菲牛蛭、日本医蛭等。药典中收录的有宽体金线蛭、菲牛蛭和日本医蛭。这几种水蛭的主要生物学特性如下。

一、宽体金线蛭

宽体金线蛭（图3-1）又叫蚂蟥，主要别名有马鳖。属环节动物门，蛭纲，颚蛭目，水蛭科，属于大型的水蛭类。一般成体体长6～10cm，最宽处为0.8～2.2cm；背面凸，腹部平，体前端尖细，后端钝圆，背部呈暗绿色，有由细密的黄黑色斑点组成的5条纵线；腹部为浅黄色，并有许多不规则的深绿色斑点。体节由5个环组成，各环之间的宽度大体相同。雌雄生殖孔分开，各开口于环的中央，雌孔在后，雄孔在前。眼10个，呈倒U形排列。肛门开口于最末两环的背面。有前后两个吸盘，后吸盘圆大，吸附力强，前吸盘不显著。颚齿不发达，以水中浮游生物、小型昆虫、软体动物幼体以及底泥腐殖质为食。喜欢生活在河流、溪流水较深的地方，在鱼类捕捞时常可以捕到。冬天蛰伏在泥中，开春后开始进入水中活动；4～6月为产卵期。对气候变化敏感，一般水温10℃左右才结束冬季蛰伏期，水温32℃时停止活动，35℃时可以引起死亡。耐饥饿能力较强，摄食能力较差，主要靠感受器对食物进行感觉并

图3-1 宽体金线蛭

捕食，白天主要匍匐在水草、底泥等附着物上，晚上觅食。主要分布在我国的河南、浙江、山东、安徽、江苏、江西、湖南、湖北等地，全国除新疆与甘肃不能进行人工养殖外，其他地方都可以养殖。

二、茶色蛭

又叫柳叶蚂蟥、牛鳖，属水蛭科。成体体长一般2.5～4.8cm，最宽处5～10mm。体呈柳叶形（图3-2），扁平，背微凸，棕绿色，有细密的墨绿色斑点，由此组成明显的5条纵线；腹部平坦，呈浅黄色，布有不规则的暗绿色斑点。体节由5个环组成，各个环宽度相等。雌雄生殖孔相距4环，均开口于环与环之间。眼10个，呈倒U形排列。肛门开口于距最末端背面的1/5处。有前后两个吸盘，后吸盘圆大，吸附力强，前吸盘不显著，当吸住物体时可以看见。消化道末端两侧各有一个盲囊。喜欢生活在溪流的近岸处，不喜强光，有时吸附在水草的基部或阴影下的底部泥面上，能作波浪式游泳和尺蠖移行。颚齿不发达，以水中浮游动物和腐殖质为食，一般情况下不吸食动物血液。冬天蛰伏在泥中，开春后开始进入水中活动；6～10月为产卵期。对气候、水温的适应性及觅食特性同

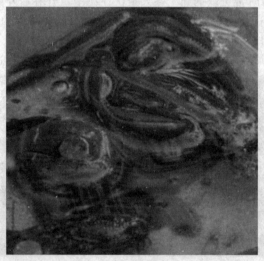

图 3-2　茶色蛭

宽体金线蛭。主要分布在我国的河北、安徽、江苏、福建、湖北等地，全国除新疆与甘肃不能进行人工养殖外，其他地方都可以养殖。

三、日本医蛭

日本医蛭（图 3-3）又叫医用蛭。属水蛭科，体呈长扁形，看似略呈圆柱形，成体体长 2～6cm，宽 2～5mm，背面绿色略显黑色，有 5 条黄色纵线，腹部平坦，呈灰绿色，无杂色斑，整体环纹明显，体节由 5 环组成，每环宽度基本相同。眼 10 个，呈倒 U 形排列，口内有 3 个半圆形的颚片围成一个"Y"形，当吸住动物时，用此颚片向皮肤钻进，吸取血液，由咽经食道而储存于整个消化道和盲囊中。身体各节都有排泄孔，开口于腹侧。雌雄生殖孔相距 4 环，各开口于两环之间。前吸盘较易见到，后吸盘明显，吸附力也强。主要生活在稻田、沟渠、浅水污秽塘堰等处，嗜吸人畜血液，行动迅速、敏捷，会波浪式游泳，也可作尺蠖运动，是最常见的一种水蛭。冬天蛰伏在泥中，不食不动。开春后开始进入水中活动；4～6 月为产卵期。耐饥饿能力较强，再生能力较强，将其切断饲养，能由断部再生成新体。医疗上用它吸食患者瘀血，故名医用蛭。分布于全国各地。

图 3-3　日本医蛭

四、菲牛蛭

菲牛蛭（图 3-4）俗名金边蚂蝗、马尼拟医蛭。属医蛭科，牛蛭属。牛蛭属已知品种有菲牛蛭、颗粒牛蛭、湖北牛蛭。主要生活在水沟或池塘中，主要吸食人畜血液，以脊椎动物血液为主。国内分布在福建、台湾、广东、广西、海南、云南等年平均水温较高的地区。菲牛蛭对水温反应较为敏感，水温在25～33℃时，行动最活跃，生长迅速，也是繁殖时期，当水温降至10℃时停止活动，藏匿于泥土或水底不动。含有丰富的水蛭素。菲牛蛭的人工养殖技术、营养价值与化学成分、活性成分、药效学研究及临床应用、毒性与有害物质等方面的研究较多，远远领先于其他蛭类。菲牛蛭具有较高的营养价值，在临床上具有抗凝血、溶血栓、抗血小板聚集、降低血脂以及改善血液循环等作用，没有明显的副作用，是一种极具发展潜力的药用动物。孵化出的幼蛭经14个月，吸血5～6次，可生长发育到成熟；从吸血次数上可以划分其生长阶段，第1、第2、第3次吸血为幼体阶段，第4次吸血后进入亚成体阶段，第5次吸血后，部分个体可以达到性成熟，其余个体第6次吸血后达到性成熟，从幼蛭到产卵，一条水蛭最多需要吸血12.5g。

图 3-4　菲牛蛭

第三节　水蛭的饵料

　　水蛭因种类不同，饵料也不同，有的以浮游生物、螺蛳、腐殖质为食，有的以吸食动物血液为食。总的来讲，水蛭的食物供应相对较为狭窄，对水蛭消化道解剖发现，幼体主要捕食浮游生物，以轮虫为主；种蛭和成蛭主要捕食浮游动物和螺蛳幼体。在人工养殖条件下，只靠水体中自然生成的生物饵料是难以达到水蛭对食物的要求的，主要通过人工投喂的方法来供应水蛭的食物。投喂的食物除人工收集以外，主要通过人工培育和喂养。在这里我们主要介绍浮游动物（图3-5）的培育方法，即中华圆田螺和福寿螺的养殖方法。

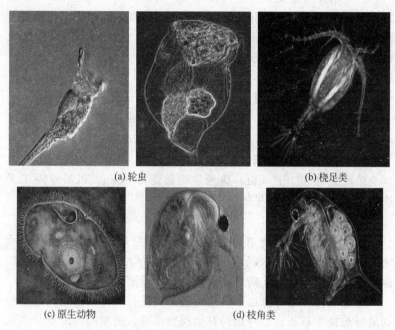

(a) 轮虫　　　　　　　　　　　　　(b) 桡足类

(c) 原生动物　　　　　　(d) 枝角类

图3-5　部分浮游动物照片

一、浮游动物的培育

浮游动物由于它的适口性好、营养丰富、个体小、游动慢、密度大、易捕捉等特点，加上水蛭的口裂小，捕食能力差，浮游动物无疑成为了水蛭的主要饵料之一。水蛭对浮游动物的捕食顺序为轮虫→小型原生动物→小型枝角类，以轮虫为最好。稍大一些以中型、大型枝角类和桡足类为食。

浮游动物的培育在大宗鱼养殖中叫"发塘"，浮游动物的培育在鱼类苗种培育阶段是必备的前期准备条件，一般水温在26℃以下较好，水温上升到26℃以上，培育浮游动物可能有一定的难度，但只要水温控制得好，肥料使用得当，还是可以达到目的的。浮游动物的培育方法主要有以下几种。

1. 传统培育法

传统培育方法是选择土坑或池塘，清塘后每667m²（亩）加基肥500～1000kg，加水30～80cm，5天后就有白色的小型枝角类出现，以后每3天每667m²（亩）加菌肥1.5～2.0kg，可以保持一定的浮游生物密度，在水温较高时应加注新水或井水降温，也可搭建凉棚遮阴。

2. 豆浆、猪血培育法

每天每667m²（亩）用黄豆1.5kg磨浆或猪血2.5kg，全池泼洒。连续3～5天后就可以发现有大量的轮虫出现。

3. 生物菌肥培育法

第1天每667m²（亩）泼洒生物菌肥3～5kg，以后每隔1天泼洒1.5kg，5天后可见效。

4. 糖浆培育法

泼洒专用浮游动物培育糖浆，1～2天见效，具体用法参照使用说明。也可以利用水泥池进行培育，培育方法与池塘基本相似，但最好用遮阳布遮盖，防止水温过高影响浮游动物的生长繁殖。

无论是何种培育方法，在培育前必须进行严格的清塘，清塘药物最好选择生石灰，也可选择其他药物清塘，清塘的目的就是杀死池水中的野杂鱼、敌害生物等。表3-1是几种常见的池塘消毒药物。

表3-1　几种传统清塘药物用法及效果一览表

药物名称	杀灭机制	用法用量 [667m²（亩）]	效　果	加水时间 /天
生石灰	pH值短时升高	干法，60～75kg；湿法，120～150kg	杀灭野杂鱼、敌害生物	7～10
漂白粉	原子氧	干法，4～8kg；湿法，13.5～15kg	野杂鱼、病菌、寄生虫、敌害生物	3～5

药物名称	杀灭机制	用法用量 [667m²（亩）]	效 果	加水时间 /天
茶饼	皂苷	干法，10～12.5kg； 湿法，40～50kg	野杂鱼	7～10
鱼藤精	鱼藤酮	湿法，市售 25%原 液 750ml	野杂鱼	7
巴豆	巴豆毒蛋白	干法，1.5～2.5kg； 湿法，3～5kg	野杂鱼	10

确认池水中没有野杂鱼和敌害生物后，可以加水进行浮游生物培育，加水时，进水口用网目为 40 目的网片过滤，防止野杂鱼或敌害生物进入池塘。水深为 50～100cm 即可按照选择的培育方法进行培育。

二、田螺的养殖

（一）生物学特性

1. 食性

田螺喜欢栖息于底质腐殖质含量较高的清洁水域环境中，水草茂盛的湖泊、水库、沼泽、池塘、稻田和缓流的河沟等水体中尤为丰富。喜聚集在池边、浅水处及进水处，或者栖息于水中的水草、竹竿、树枝等的避阳面，能够离开水体长时间不会死亡。田螺是以植物为主的杂食性螺类，底泥中的微生物、腐殖质、水生植物的嫩叶及嫩芽、浮游植物、浮游动物、青苔等都是田螺的可口食物，此外，田螺还喜食陆生植物及果实等，如蔬菜、菜叶、瓜果、米糠、麦麸、豆饼和动物的下脚料等，也喜食人工饲料。

2. 水温

田螺的耐寒能力很强，在冬天来临时，田螺会用壳盖钻掘到10～15cm 的底泥中越冬，静止不动，只要有水或适当的湿度可以保证田螺不死，安全越冬。

田螺喜欢生活在水底或阴凉的地方，所以喜寒畏热，适宜水温为 20～28℃，水温低于 10℃、高于 30℃时停止摄食，会钻入泥土或寻找阴凉的水草中避暑，不食不动。当水温达到 40℃时即可引起田螺死亡。水温低于 8℃时，田螺便钻入泥中冬眠，第 2 年水温上升到 15℃左右时爬出洞穴开始摄食。

3. 水质

田螺对水温的要求较高，喜欢在水质清新、无污染、溶氧充足的河川、沟渠、池塘、稻田生活，有微流水的水域更好，生活水域在离水面 30cm 左右的地方，这个水域水温较为适中，溶氧也丰富，天然饵料充足。如果溶氧比较低，田螺会向更上的水层运动，甚至会在岸边水位线附近活动。在溶氧低于 3.5mg/L 时摄食减少，低于 1.5mg/L 时，开始死亡。田螺在池塘中的活动状态经常被鱼类养殖技术人员用来判断水质的好坏和溶氧的多少。可以通过换水来补充溶氧，或者减少池塘的肥度。

田螺对 pH 值的适应范围为 7～8。pH 值的高低可以通过施生石灰或鸡粪来调节，如果 pH 值偏低，$0.15～0.18kg/m^2$，每隔 10～15 天施 1 次，可以调节到适应范围内。如果 pH 值偏高时，$0.05～0.06kg/m^2$ 施干鸡粪，每隔 10 天施 1 次。田螺对农药比较敏感，田螺养殖避免使用农药或者含有农药成分的水进入养殖池。

4. 对水面的要求

田螺对水面的要求不高，只要能够保证正常的溶氧即可，这就要求养殖池塘的进排水方便，随时通过加水、换水调节水中溶氧。养殖水域的水深一般在 30cm 左右，这个水层是田螺的最佳生活水层。在冬季，为了抵御寒冷的冬季，也利于田螺少量地进食，增加田螺越冬能力，可以适当加深水深；春季为了田螺提早开口摄食，可以适当降低水深，通过阳光的照射提高水温。夏天炎热，可以适当增加水深，并增加换水次数，有条件的可以搭建凉棚或投放漂浮性水生植物，以达到降温的目的，增加田螺的食欲。

5. 土质

底泥中腐殖质的含量多少可以影响到田螺的生活。腐殖质不仅是田螺的食物之一，而且还可以供其掘穴避开强光及过高、过低的温度。虽然腐殖质对田螺有较好的作用，但腐殖质过多也会消耗水中大量的溶氧，造成田螺缺氧，特别是在底质中含有过多的淤泥，田螺的爬行和水交换会搅动底泥，影响田螺的呼吸。

6. 逃逸性

虽然田螺行动缓慢，但如果水质不良、食物短缺或者有其他有害物质进入生活水域，它会利用其特有的吸附力，逆水流逃亡他处，或者顺水流辗转逃走。

（二）种螺的饲养

1. 繁殖场地的选择

（1）水源水质条件 水源充足，水质优良、清新，无工业污水或生活废水排入，没有农药径流水进入，符合渔业水质标准。

（2）池塘条件 在水田、沼泽地和池塘都可以进行养殖，如果开挖新的池塘，要求水深不能低于 30cm，池宽 1.5～1.6m，池长 10～15m，布设淤泥 20～30cm；也可以维持自然形状。池埂高 50cm 左右，池塘两头设进排水口，并安装拦网，防止田螺逃逸。池塘选择交通方便，无噪声的地方。

（3）池塘布置 池面要布置水生植物，如浮萍、藻类或水生植物，布置面积不得超过池塘面积的 30%，不得使水生植物成片生长，影响田螺的生活空间。如果水生植物缺乏，可以在池中放一些木条、树枝、石块或聚乙烯网片，供田螺攀附或栖息。可以在池埂种植一些植物或搭建凉棚，种植瓜果，达到为田螺遮阴的目的，特别是在夏天水温较高时，可以有效地降低水温，利于田螺生长。

2. 繁殖前的准备

为防止在田螺繁殖过程中不良水质的影响，在种螺放养之前，要对养殖场所进行消毒，杀灭水中敌害生物，包括一些以田螺为食的鱼类。清塘药物一般采用生石灰，也可采用鱼类养殖中其他清塘药物。生石灰的用量为每 667m² （亩）50kg，一般 7 天后毒性消失，即可放入田螺。

3. 投饵施肥

浮游生物是田螺较好的饵料，一般较肥的池塘中浮游生物较为丰富，不需要专门投饵，为保证池水中浮游动物的密度，可以隔一段时间施一些发酵后的猪粪、牛粪，培肥水质。水质较瘦或新开挖的池塘，没有肥水的条件下，可以投喂人工饲料，如菜叶、瓜果、麸皮、米糠之类的天然饲料。幼螺长大后，还要投喂一些米糠、麦麸、豆渣、红薯、昆虫、鱼虾以及动物的内脏及下脚料等，也可投喂一些轮虫、小型枝角类等。有条件的也可以投喂配合饲料。日投喂量为田螺体重的 1%～3%，投喂时间为每天上午 8～9 时。投喂一些瓜果类、蔬菜等饲料时，应该切碎后再投喂。对于水质较肥的池塘，可以少投一些饲料，水质较瘦时，可以多投喂一些饲料。要定期加水、换水，保持水质良好。夏季水温较高时，可以加注新水调节水温，也可搭建凉棚降低水温。冬季可以采取夜补、白排的水质管理方法调节水层，也可施一些发酵后的人畜粪便，既能提升水体温度，又能增加水的肥度。

4. 种螺的来源

田螺的繁殖期为 4～10 月，为保证有较高的繁殖率，应该选择优质的种螺。种螺可以从池塘、沟渠中人工收集，也可在市场上选购，一般挑选 15～20g/颗的个体为好。

5. 种螺的选择

种螺的选择原则为个体大、外形圆、肉多壳薄、壳色淡青、螺纹少、头部左右触角大小相等为好。壳体受伤、活力较差、离水时间长的个体不得选用。一般体重达到 15～25g 的田螺性腺已经成熟，在水温 15℃ 以上即可繁殖，雌螺大而圆，雄螺小而尖。

田螺为雌雄异体，外形上主要从头部触角上区分，雌螺左右两触角大小相同且向前方伸展；雄螺的右触角短而粗，末端朝内弯曲。在田螺的群体中雌多雄少，雌螺占群体的 75%～80%。

6. 放养密度

种螺的放养时间为 3 月中下旬，这样可以让种螺提早适应池塘环境，利于提高田螺的繁殖率。种螺在自然水域放养时，一般放养密度为雌螺 10 颗/m²，雌雄比例为 1:1；若选择未成熟的小幼螺，投放比例也为 1:1 或 2:1。若专门放置种苗，放养密度为产卵雌螺 100～150 颗/m²。一般 4 龄以上的种螺可产幼螺 40～50 颗，产后 2～3 周的幼螺重 0.025g，饲养 1 年后即可进行繁殖。

7. 交配产卵

田螺的繁殖期为 4～10 月，6～9 月为繁殖盛期。每年 4～5 月，当水温上升到 16℃ 时，即可开始交配产卵。

8. 水质调节

良好的水质条件可以提高田螺的繁殖率，所以在田螺交配繁殖及孵化期间要保持微流水状态；高温季节采用流水养殖效果更佳，水质不良时要通过换水来保持水质的清新，一般每周换水 2 次，每次换水只能换掉池水的 1/3，避免水的交换量过多造成温差过大，影响田螺的繁殖及幼螺的生长。保持池水深度为 30cm。水中的 pH 值要保持在 7～8，pH 值过高可以用投放鸡粪的方式调节 pH 值，pH 值过低，可以施生石灰调节 pH 值，具体用量可以参照前面的介绍。

9. 饲养管理

在自然水域中进行粗放式养殖，保持池水肥度即可，每隔一段时间施放适量发酵过的鸡粪、牛粪、猪粪、人粪或稻草等肥料，也可投放青草作为肥料，保证田螺对水体中浮游生物的密度。

在高密度养殖条件下，要进行人工投饵，投饵的数量、次数要根据田螺的摄食情况、水质情况、不同的季节和不同的天气灵活掌握。在生长适宜水温范围内（20～28℃）时，田螺食欲旺盛，每 2 天投喂 1 次，投喂量为池中田螺体重的 2％～3％。水温在 15～20℃ 和 28～30℃时，每周投喂 2 次，每次的投喂量为池中田螺体重的 1％ 左右。当水温低于 15℃，或高于 30℃，可以少投或者不投。

田螺放养后，可投喂青菜、米糠、红薯、蚯蚓、血粉、玉米、豆饼、鱼虾杂碎、动物内脏或下脚料等。投喂青菜、红薯、蚯蚓等要剁碎，豆饼要先用水泡碎，鱼虾杂碎、动物内脏和下脚料也要剁碎后投喂。投喂时要分散投喂，最好沿池边投喂，特别是在进排水口附近要多投喂一些。

10. 冬季管理

越冬管理不只是冬季的工作，在进入冬季之前，要进行适当的准备，主要是加强喂养，增加田螺体内的脂肪含量和体质，有了充足的脂肪积累和强壮的体质，可以提高田螺的越冬成活率。进入冬季之前，田螺食量开始减少，每周投喂 2 次，饲料以蛋白含量较高的食品为好。当水温下降到 8～9℃时，田螺开始冬眠，在自然状态下，田螺用壳顶钻土，只在土面留一小孔，不时冒出气泡呼吸。田螺越冬时，不进食，但池塘水深仍需保持在 10～15cm。每 3～4

天换 1 次水，保证池水有适当的溶氧。进行大规模的生产与保种，可以采取以下方法越冬。

（1）干法越冬 当水温降至 10～12℃时，捞起田螺，冲洗干净后，在室内大小分离、晾干，使田螺体内的粪便排干，不遇水不再活动，3～5 天后剔除破壳螺和死螺，再在上面放一层螺，然后装入纸箱。装箱时，每放一层螺，要垫一层纸屑或刨花，装完后捆扎，放在 6～15℃的通风干燥处越冬。在越冬过程中，切忌忽冷忽热，不能使室温低于 5℃，也不能高于 15℃。当水温上升到 12℃以上时，可以把螺放入池中。

（2）薄膜覆盖越冬 冬季当水温降至 12℃以下时，有条件的可以采用塑料薄膜覆盖越冬，可以把薄膜直接覆盖在池面上，也可采用竹片或镀锌水管作为支架进行覆盖。晴天阳光充足时，池水可以降至 10～15cm，提升水温，并适当投食，晚上可以加水至50cm，可以起到保温的作用。气温降至 8℃以下，不必采用此方法，晚上应该在薄膜上加盖一层草帘，防止夜间温差太大，冻伤田螺。一般 3～4 天换 1 次水，有条件的可以加井水保温，并架设增氧泵增氧。此种越冬方法还要防止老鼠等敌害生物对田螺的危害。当水温上升至 12℃以上时，可以投喂少量的食物，让田螺尽早开口，以提高田螺越冬成活率。此时可以把田螺转入室外大池喂养，在转池时，要注意内外温差不要过大，以免引发田螺的疾病发生。

11. 夏季管理

夏季的管理有两个主要工作，一个是掌握投饵的次数和数量；另一个是池水的降温。夏季由于水温较高，田螺的食欲会受到一定的影响，在 28～32℃时，可以适当减少投饵次数和投饵量，可以 3天投喂 1 次，每次投喂量为池中田螺体重的 1%。水温高于 32℃时，可以不投饵。夏季池水的降温主要有以下几种方法。

① 可以在池中投放一些漂浮水生植物，以达到降低池水温度的目的。

② 可以在池塘上方或南面用竹竿或树枝搭建凉棚，在凉棚四周栽种丝瓜、苦瓜等攀爬性瓜类，既可以达到遮阴纳凉的作用，也可收获一定的瓜果。

③ 可以在池塘上方布置遮阳布。

④ 定期加入一定的井水，也可以降低池水的温度。

（三）幼螺的饲养

幼螺是指体重 6g 以下，壳高在 1cm 以下的螺蛳。

1. 养殖条件

幼螺的喂养方法没有特殊的要求，一般的容器、水泥池、稻田、池塘都可以进行幼螺培育，水深控制在 30～40cm。还可以进行螺鱼、螺鳝、螺蛭混养。

2. 养殖容器的布置

采用小型容器养殖的，可以放置一些网片等攀爬物体，利于幼螺歇息，也可有效利用养殖空间，增加放养量。如果采用池塘养殖，可以在池中栽种一些水草，水草的密度不能超过池塘面积的 30%，植被不能连片生长，也可在池中投放一些漂浮水生植物，如水花生、水葫芦等，也可在池中设置一些废旧的网片条，利于幼螺栖息，以提高幼螺的活动空间，增加放养量。

3. 放养密度

不同个体大小的幼螺对生活的水深要求不同，放养密度也有一定的差异，可以根据不同的情况进行适当的调整。调整的条件主要是根据养殖水体的水质、容器的大小、饲料供应、养殖水平而定。一般情况下，3～10cm 深的水层适宜的放养量为 5000～10000 颗/m^2，规格 0.5～1g；水深 20cm 时，放养量为 4000～6000 颗/m^2。

4. 喂养方法

幼螺的主要食物为水体中的微生物、浮游生物、小型底栖动物、水生植物的幼嫩茎叶等，食物一般要求精、细、嫩、多汁、易消化、富含营养。鲜嫩的青菜、麦麸、米糠、瓜果、豆饼、鱼粉、人工配合饲料等都是幼螺可口的饵料，另外，各种粮食加工厂的副产品、废弃的蔬菜、鲜嫩的陆生植物等都可以作为幼螺的饲料。每次每平方米的投喂量为青饲料 250g、精料 50g。如果投喂米糠、麸皮等精饲料可以按照池中幼螺体重的 10% 投喂，以每周投喂 2 次为宜。幼螺的投喂还可以通过培肥池水，生产丰富的浮游生物作为幼螺的饲料，培水的方法可以是在池中沤制青草，也可以是施粪肥，每次用量为池中幼螺体重的 30%。

5. 水质管理

在养殖过程中，要时常注意水质的变化，田螺对水质的要求较高，在一般的鱼类池塘中，对溶氧敏感性最强的还是田螺，幼螺对水质的要求更高，加水、换水仍然是有效调节水质的方法，一般每周换水 2 次，每次换水量为池水的 1/3，如果有微流水更好。如果采用小型容器培育，可以每周打扫 1 次，清除残饵。

6. 敌害生物的防治

敌害生物主要有浮游植物和鱼类、鸟类。浮游植物主要通过水质管理来控制，防止出现"水华"现象。池中不得有青鱼鱼种、鲤鱼、鲫鱼等敌害动物。

（四）育成螺的饲养

幼螺经过 20～30 天的饲养，壳高达 1cm 以上，体重达 6g 以上的个体。

1. 养殖条件

一般用于鱼类养殖的水源都可以作为田螺的水源，可以采用水泥池养殖，也可采用池塘养殖，养殖的面积大小不限。在养殖池中可以布置一些利于螺蛳生长的物体，可以放置一些网片等攀爬物体，利于田螺歇息，也可有效利用养殖空间，增加放养量。如果采用池塘养殖，可以在池中栽种一些水草，水草的密度不能超过池塘面积的 30%，植被不能连片生长，也可在池中投放一些漂浮水生植物，如水花生、水葫芦等，也可在池中设置一些废旧的网片条，利于田螺栖息，以提高田螺的活动空间，增加放养量。

2. 放养密度

田螺的放养量密度随田螺的个体大小进行调整，具体放养密度见表 4-2。

表 4-2 育成螺的放养密度

规格	放养密度/（颗/m²）	规格	放养密度/（颗/m²）
2 月龄	1000～2000	5 月龄	200～250
3 月龄	600～800	6 月龄	120～150
4 月龄	400～500		

3. 水质管理

在养殖过程中，要时常注意水质的变化，田螺对水质的要求较高，通过观察水质水色的变化灵活掌握换水的频率，通过换水，改善水质状况。一般每周换水 2 次，每次换水量为池水的 1/3，如果有微流水更好。如果采用水泥池培育，可以每周打扫 1 次，清除残饵。养殖水深保持 30～40cm，溶氧 4mg/L 以上，pH 值 7～8。

4. 施肥

利用施肥培育水中的浮游生物，能够给田螺提供丰富的浮游生物，利于田螺的生长，人粪、鸡粪、猪粪、牛粪等发酵后使用，可以起到很好的效果，一般新建的养殖池，在放养前，每 $100m^2$ 施入 100～150kg，可以改善土质，以后每次追肥可以按照池中田螺体重的 30% 投放，追肥的频率要根据水质水色进行灵活掌握，一般透明度超过 30cm 时可以进行追肥。另外，也可采用堆肥，堆肥的做法是将稻草、生石灰、鸡粪在陆地上层层相间堆放，用泥浆覆盖或塑料薄膜将其密封，充分腐熟后作为追肥使用。

5. 饲养管理

此阶段的田螺食欲旺盛，活动力强，螺体膨大迅速，要求提供的食物营养更为丰富、全面。根据田螺的摄食情况，一般粗饲料为 90%，精饲料为 10%，还要投喂一定的矿物质饲料，以满足螺壳的生长需要。一般每天傍晚投喂 1 次，每天的投喂量为池中田螺体重的 3%～5%，投喂量要根据田螺的摄食情况、活动情况、水质状况、天气情况、季节变化等灵活掌握。田螺的食物主要有浮游生物、有机碎片、青苔、腐屑、米糠、麸皮、蔬菜叶、鲜嫩水草、鱼粉、瓜果皮、浮萍、动物内脏、鱼杂和配合饲料。由于田螺用舌舔饲料，所以在投喂饲料时，应该把饲料泡软切碎。

6. 防逃

在水质条件不合适、食物缺乏或有其他不利于田螺生存的因素发生时，田螺就会逃逸（采用越水潜逃或顺水流逃逸），在养殖过程中，要时常检查进排水口的情况，防止田螺通过进排水口逃逸。

7. 敌害生物的预防

田螺的敌害主要有鲤鱼、鲫鱼、青鱼、小龙虾、螃蟹以及一些肉食性鱼类，可以通过清塘和加水时的过滤进行杀灭和阻隔。另外，鸟、猫、老鼠等对田螺也有一定的危害，要注意防止。

（五）成螺的饲养

育成螺经过 5 个月左右的养殖，使田螺体重达到 15g/颗以上规格的过程为成螺养殖。

1. 池塘条件

成螺养殖可以采用水泥池养殖和池塘养殖，或者利用稻田养殖，也可采取种养结合的方式，即在稻田里养殖螺蛳。不管哪种养殖模式，水深都不要超过 50cm，养殖池的大小可以根据具体情况而定，可大可小。水泥池养殖时，可以在水泥池中布设 5～10cm 的淤泥，并种植一些水生植物。同样，池塘养殖中的布设参考育成螺养殖布设即可。

2. 放养密度

放养密度为 100 颗/m²，可以根据具体情况酌情增减。

3. 水质管理

水质的管理方式可以参考育成螺的水质管理方式。

4. 施肥

成螺养殖也可采取施肥的方式增加水中浮游生物的含量，施肥主要在池塘养殖中使用。施肥水体要保持透明度在 40cm 以上，透明度高于 40cm 时，可以施一些有机肥，增加水体肥度，为螺蛳提供更多的天然饵料。如果发现水的透明度低于 25cm 时，可以加注新水，增加透明度，防止因为水质过肥引起缺氧造成田螺死亡。

5. 饲养管理

成螺的饲料要求与育成螺的饲料要求基本一致，饲料的种类也基本相同，饲养管理也基本一致，只是在投饵量和投饵次数上有所区别，投饵料为田螺总重量的 1%～2%，每 2 天投喂 1 次。

6. 防逃措施

成螺养殖中的防逃措施与育成螺的防逃措施基本相同。

7. 敌害控制

成螺养殖中的敌害控制方法与育成螺养殖中的敌害控制方法相同。

8. 捕捞

田螺的捕捞方式可以采取两种方式，即在养殖过程中的捕捞和养殖后的捕捞。养殖过程中的捕捞可以采用施肥的方式使池水在早上溶氧较低，田螺会爬向水面或攀附在水草等附着物上，可以直接捡拾。在秋季停食后可以直接干塘捕捉。

（六）日常管理中应该注意的问题

（1）田螺虽然可以在空气中存活较长时间，但在水中溶氧低于1.5mg/L时开始死亡。水温较高时，也会引起田螺死亡，水温高于40℃时会出现死亡。高温季节可以加大水流，控制水温和增加水中溶氧，平时注意保持微流水状态，水深不要超过50cm。

（2）田螺的生长发育与养殖池中泥土的关系极为密切，既可以提供腐殖质补充田螺的饵料，也可以培育更多的浮游生物，但也会出现酸碱度的不良变化，产生氨气和亚硝酸盐氮等不良物质。酸碱度的调节可以按照前面的方法进行调节，氨氮的控制以每100m^{2}池中施入6kg啤酒酵母即可。

（3）在池中施混合堆肥可以作为泥土的改良剂，每100m^{2}池中施入100～150kg堆肥既可以改良泥土，又可以培育有利于田螺的微生物，以利田螺的生长发育。

（4）由于田螺在水中的耐氧能力较差，应该时常注重水质调节，采取加注新水的方法增加水中溶氧，也可以种植一些水草或水生作物，也可搭建凉棚避暑。田螺耐寒不耐暑，要注意夏天的遮阳。

（5）田螺的病害较少，主要是敌害生物的防治，特别是在幼螺阶段，鱼类是幼螺最大的敌害，严禁鲤鱼、鲫鱼、青鱼以及一些肉食性鱼类进入田螺养殖池。特别是青鱼，螺蛳是它们的主要饵料，如果池中混入青鱼，田螺的养殖肯定失败。

（6）田螺对农药、除草剂、石油类和工业废水很敏感，不得进入池中。另外，含氯的自来水也不宜直接用来养殖田螺；如果采用井水养殖田螺，必须进行水质化验后方能养殖，加水时不能一次性加得过多，防止温差过大对田螺产生危害。

三、福寿螺的养殖

福寿螺又名大瓶螺，属软体动物门腹足纲，是一种大型的食用螺。其肉质细嫩鲜美滑润，含有丰富的蛋白质、胡萝卜素、多种维生素和矿物质，是餐桌上优质的高蛋白低脂肪佳肴。由于产量高、适应性强、饵料来源广泛、易养殖，是一种世界性的养殖品种。近年来，由于水蛭养殖的兴起，福寿螺的幼螺成为了水蛭优质的饵料。

（一）形态特征

福寿螺由头、足、内脏囊、外套膜和贝壳5个部分组成。头部为圆筒形，有前、后触手各1对，眼点位于后触手基部，口位于吻的腹面。头部腹面为肉块状的足，足宽而厚实，能在陡峭的池壁和植物的茎叶上爬行。贝壳短、圆、大、薄。壳右旋，有4～5个螺层，体螺层膨大，螺旋部小，壳面光滑，多为黄褐色或深褐色。

（二）生物学特性

1. 适应性强

福寿螺是一种能够在各种水域生活的淡水水生螺类，但要求水质清新洁净，水中溶氧要求在6mg/L以上，适宜pH值为6～8，喜微流水生活。不能适应在较肥水体中生活，对硫酸铜及其制剂较为敏感，受农药、石油类及有毒工业污水污染后，容易发生死亡，对化学药物敏感。

福寿螺喜欢在洁净的淡水中生活，常集群栖息在水域的浅水处，或攀附在水生植物的根、茎、叶上，也在浅水区的水底生活。

2. 食性杂

福寿螺的食性根据不同的发育阶段有所不同，刚孵化出的仔螺以自身的卵黄为食，卵黄吸收完后，以大型浮游植物为食，以后慢慢以青草、麦麸、米糠等细小、鲜嫩的饲料为食；成螺则主食水生植物、动物尸体以及人工饲料。福寿螺的主要食物有苦草、水花生、浮萍、凤眼莲、金鱼藻、轮叶黑藻、青苔、青菜叶、瓜叶、瓜皮、果皮、陆生草的嫩叶、死禽、死鱼、死虾、动物尸体、花生饼、豆饼、米糠、麸皮玉米粉及少量的动物粪便和腐殖质。福寿螺对受污染的青菜、青草有本能的回避反应，对植物的茎叶有芒刺的也能回避。

福寿螺虽然食性广泛，但长期投喂一种食物，会产生一定的依赖性，如长期投喂人工饲料，如果再转投青饲料，会发生拒食现象。在食物短缺的情况下，会捕食幼螺和螺卵。夜间比白天摄食旺盛。摄食时，小食物采取吞食的方法，大食物则用齿舌挫碎后再吞入。福寿螺的摄食强度随季节变化和水质变化有所不同，在水温较高时，食欲旺盛，摄食量大，水温较低时，摄食量小，甚至不食，一般夏、秋季摄食旺盛，春、冬食欲减退，冬季水温较低时，不摄食，进入冬眠状态。在水质优良清新的条件下，摄食旺盛，水质较差时食欲较差，甚至不摄食。

3. 生活场所要求低

福寿螺基本生活在水底层，产卵季节或养殖密度较大。水中溶氧较低、食物不足、气温高于水温或为了摄取到鲜嫩的植物嫩叶，也会爬出水面。福寿螺喜欢在缓流的河床、阴湿通气的沟渠、溪流和水田等新鲜洁净的水体中活动，对溶氧较为敏感。能够在干旱季节藏匿在湿润的泥土中蛰伏 6～8 个月，一旦被灌溉，又能正常生活。

4. 水域适应性广

福寿螺对水面的大小没有要求，只要水温合适，水质清洁，无敌害等即可。只要排灌方便，水源充足，能够保证水深 20～30cm 以上的稻田、池塘、水坑、沟渠、沼泽地等都可用来养殖。由于水底腐殖质也是福寿螺的食物之一，所以要求水底淤泥保持在 15～20cm，不仅能够给福寿螺提供一定的饵料，而且还可以供其掘穴躲避强光及过高、过低的温度。

5. 能够适应较高水温

福寿螺对水环境的温度变化较为敏感，喜欢在温暖的水域中生活，但喜阴怕阳光直射。在水温较高的夏季和秋季摄食旺盛，在春季食欲较差甚至不摄食，冬季基本不摄食，处于冬眠状态，水温太低还会发生冻死冻伤现象。

福寿螺喜欢土壤肥沃、有水生植物生长的缓流水河沟、水田等环境，白天一般在水底和附在池边，或聚集在水生植物下面，夜晚开始觅食。福寿螺的适宜水温为 25～32℃，是福寿螺最佳生长期，也是卵块最佳的孵化水温。超过 35℃生长速度明显减慢，生存的临界水温为 45℃，低于 18℃停止产卵，15℃以下活动缓慢，5℃以下沉入水底进入休眠状态，水温长期处于 3℃以下就会死亡。

6. 运动方式简单

福寿螺的运动方式有两种：一种是靠发达的腹足紧紧黏附在池底或附着物上爬行；另一种是吸气后漂浮在水面上，靠腹足在水面作缓慢游动。

7. 喜阴怕强光

福寿螺害怕在强光下活动，特别是阳光的直射，所以一般在水草中或阴暗的地方活动，一般昼伏夜出。

8. 善逃逸

福寿螺的逃逸主要在进出口，顺水或逆水攀爬逃逸，只要在四周撒上石灰粉即可防逃。

9. 敌害多

主要敌害有鲤鱼、鲫鱼、青鱼、小龙虾、水蛇、老鼠、螃蟹、泥鳅、黄鳝、蚊蝇、蚁类、青蛙以及一些凶猛性鱼类，这些可以通过清塘、池塘整治等方法做到有效预防。

（三）生殖习性

福寿螺为雌雄异体、体内受精、体外发育的卵生动物，在正常养殖条件下，3～4 月龄就可达到性成熟。福寿螺的繁殖期为每年的 3～11 月，5～8 月为繁殖盛期。繁殖的适宜水温为 18～30℃。福寿螺的交配一般白天在水中进行，时间长达 3～5h，1 次交配受精可多次产卵，交配后 3～5 天开始产卵，夜间雌螺爬到离水面15cm 左右的树枝、池壁、木桩、网片、水生植物的茎叶上产卵。福寿螺的卵呈圆形，为粉红色，卵径为 2mm 左右。卵粒与卵粒之间粘连成块状排列，每次产卵 200～1000 粒，每次产卵的时间一般为 20～80min。产卵结束后，雌螺腹足收回掉入水中结束本次产卵。3～5 天后进行第 2 次产卵，一颗雌螺 1 年可产卵 20～40 次，产卵量为 3 万～5 万粒。受精卵孵化的时间需要 10～15 天，具体时间根据当时的水温而定，水温越高，孵化时间越短，水温越低，孵化时间越长。仔螺出膜后掉入水中。

福寿螺一年中可以孵育 3 代，即祖、子、孙三代。第 1 代幼螺生长 93 天后开始产卵，孵化期为 9 天，孵出第 2 代幼螺历时 102天，日均温度为 27.1℃，相对湿度为 88%。第 2 代幼螺生长 63 天后产卵，卵期 11 天，即孵出第 3 代幼螺，历时 74 天，日均水温 29.5℃，相对湿度 87℃。第 3 代螺因为水温的原因，一直到第 2 年 3 月底共 189 天仍为幼螺，日平均水温 18.2℃，相对湿度 78%，三代螺重叠发生。一颗雌螺经过两代多次产卵，每年可繁殖幼螺 32.5 万余颗。

（四）生长特点

福寿螺的生长速度与其他水产养殖动物一样，与水质条件、水温、投喂方法、饲料组成、不同的生长期和性别有关。具体如下。

（1）在适温范围内，温度越高，生长速度越快。水温越低，生长速度越慢。

（2）水质越好，溶氧越高，螺的食欲越强，生长越快；水质越差，生长越慢，还会拒食停止生长。

（3）在大水面养殖的生长速度比在小水面养殖条件下养殖的福寿螺要快，室外小水面养殖的福寿螺比室内小水面养殖的速度要快。

（4）在幼螺阶段，相对生长速度快，当长到 100g 左右时，生长速度减缓。在较好的养殖条件下，刚孵化出的幼螺经 1 个月的养殖，一般可长到 25g 左右；经过 2 个月的养殖，可长到 40g 左右；经过 3 个月的养殖，体重可长到 50～80g，经过半年的养殖，体重可达 100g；经过 1 年的养殖可达到 500g。

（5）雌螺的生长速度比雄螺的生长速度快。

（6）福寿螺与其他水产养殖动物不同，性成熟以后，生长速度有所减慢，但不像其他动物明显减慢，相对生长速度还是很快。

（五）与田螺的区别

田螺为本地螺种，福寿螺为外来物种，但两种螺在养殖方式和食物上有很多共性，也有许多不同的地方。同为水蛭的饵料，应该注意以下不同之处。

（1）福寿螺的螺层只有 4～5 层，田螺则为 6～7 层。

（2）福寿螺的螺体层发达，高度占螺总高的 89%，螺旋部较小，形似苹果。田螺的螺体层约占总高的 68%，螺旋部较大。

（3）福寿螺的壳大而薄，壳体棕色，呈半透明状。田螺壳小而厚、坚硬，呈黄褐色或深褐色，不透明。

（4）福寿螺具有原始肺，可以辅助呼吸，田螺则用鳃呼吸。

（5）福寿螺为卵生，卵产在水面上15cm左右的物体上孵化出仔螺；而田螺是卵胎生。

（六）福寿螺的饲料

1. 各个养殖阶段的饲料特点

（1）幼螺的消化系统还不健全，食量不大，主要摄食腐殖质、浮游生物，此阶段的水质肥沃一些较好。

（2）15日龄以后，消化系统基本发育完全，与成螺的食性基本一致，可以投喂一些青菜、水葫芦、水浮莲、水花生、水草、瓜果皮、花生饼、米糠、麸皮等饲料，也可施一些猪粪、鸡粪、牛粪等发酵后的粪类，增加水中腐殖质和浮游生物的含量。

（3）螺的生长过程中包括壳的生长，所以除了投喂一些多汁的青饲料和精料外，还要掺喂一些酵母粉和钙粉，增加螺营养的全面性，幼螺和育成螺可促进生长速度，种螺可以提高产卵量和孵化率。

（4）福寿螺每天的投喂量应该控制在池中螺总重量的1％左右。一般春天以白菜、青菜、莴苣、水草等植物为主；夏天可喂一些瓜果皮、甘蔗、向日葵等；秋冬季可喂菜叶、薯片、胡萝卜等菜类植物，以鲜嫩的为主。在喂养过程中不能投喂葱、姜、蒜、韭菜及芥等带有刺激性气味的食物。可投喂一些精料，精料的投喂可以控制在总投喂量的5％～10％。

为了提高福寿螺的产卵率，在繁殖期可以加一些麦麸、米糠、豆腐渣、酵母粉、豆粉、鱼粉、骨粉、贝壳粉及配合饲料。

2. 饲料种类

（1）**动物性饲料**　动物性饲料主要包括水产品加工厂、屠宰场、肉品加工厂等的产品和副产品，如鱼粉、血粉、骨粉、肉骨粉和动物内脏、下脚料等，另外，死鱼、死虾、动物尸体都可以作为动物性饲料。

（2）**植物性饲料**　植物性饲料主要包括水生植物和陆生植物及果实、根、茎、叶。水生植物主要有水花生、水葫芦、浮萍、满江红、苦菜、鸭舌草、青苔、金鱼藻等。陆生植物主要有莴苣叶、甘蓝、小白菜、牛皮菜等叶类蔬菜以及瓢儿白、野韭菜、红苕叶、南瓜叶等植物的茎叶；此外还有其他饲料，如麸皮、米糠、南瓜、佛手瓜、红苕、土豆、茄子、花生叶等。另外，由于配合饲料采取科学的配方，也是福寿螺最好的饲料之一。

3. 饲料配方介绍

任何养殖，依赖原料作为饲料都会影响饲料的利用率，既浪费了饲料，也会影响养殖品种的生长速度。不仅如此，还会制约生产力的发展，影响规模化养殖的开展。应用科学配方生产的人工配合饲料，营养全面，饲料利用率高，还会减小劳动强度，利于储藏，是当今水产养殖的发展方向。福寿螺虽然饲料来源广泛，但进行科学养殖，配合饲料的应用是今后发展的方向。下面介绍几个福寿螺的饲料配方。

（1）常用饲料配方

米糠和麸皮各 25%，贝壳粉 35%，酵母 8%，面粉 5%，鱼粉、豆粉等 2%。此配方为常规性饲料配方，适合各种规格的福寿螺的喂养。

（2）幼螺饲料配方

① 玉米粉 18%，黄豆粉 19%，鱼粉 3%，米糠 20%，麸皮 20%，骨粉 10%，酵母粉 9%，微量元素 1%。

② 玉米粉 20%，麸皮 28%，豆饼 22%，米糠 24%，鱼粉 3%，酵母粉 2%，维生素及微量元素 1%。

（3）生长期饲料配方

① 玉米粉 35%，麸皮 25%，面粉 5%，豆饼 15%，米糠 13%，骨粉 3%，鱼粉 2%，酵母粉 2%。

② 米糠 70%，粗面粉 20%，豌豆粉 5%，马铃薯粉 4%，骨粉 1%。

③ 麸皮 30%，米糠 30%，豆粉 15%，玉米粉 15%，钙粉 7%，酵母粉、微量元素、维生素各 1%。

（4）亲螺饲料配方

① 钙粉 10%，麸皮 20%，黄豆粉、豌豆粉、绿豆粉、玉米粉各 10%，米糠 20%，粗面粉 7%，土霉素、酵母粉、维生素添加剂各 1%。

② 麸皮 20%，米糠 40%，玉米粉、黄豆粉、蛋壳粉各 10%，

钙粉 5％，微量元素、维生素添加剂、土霉素、酵母粉、鱼粉各 1％。

(5) 成螺饲料配方

① 鱼粉 15％，米糠 75％，麸皮 10％。

② 鱼粉 5％，米糠 40％，玉米粉 8％，花生饼 25％，酵母粉 2％，麦麸 10％，粗面粉 10％。

③ 血粉 20％，花生粉 20％，玉米粉 20％，麦麸 12％，粗面粉 10％，豆饼 15％，微量元素添加剂 2％，维生素添加剂 1％。

④ 肉粉 10％，玉米粉 10％，白菜叶 10％，豆饼粉 10％，米糠 50％，贝壳粉 2％，蚯蚓粉 8％。

⑤ 蚕蛹粉 10％，鱼粉 10％，玉米粉 28％，粗面粉 50％，维生素、微量元素各 1％。

（七）养殖要求

1. 场地

福寿螺养殖对养殖场所的要求比较简单，只要是能够盛水、换水的容器都可以；室内室外没有要求，都适合养殖，池塘、水泥池、稻田、水沟、沼泽、网箱、水缸等各种养殖设施中都能养殖。

对养殖水体的水质要求与一般鱼类养殖区别不大，河流、水库、湖泊、沟渠、塘堰、井水都可作为养殖水源；在采用井水养殖时，一定要先测定水质，选择符合养殖的井水，井水在使用之前一定要曝气；在进行小规模养殖时，自来水也能作为水源，使用前也一定要曝气后使用。福寿螺养殖用水的要求就是要符合渔业水质标准。水温不能低于 5℃，生长最高水温可以达到 45℃。溶氧最好在 6mg/L 以上，当溶氧在 3.5mg/L 时停止摄食，1.5mg/L 时开始死亡。pH 值 6～9，水中盐度不能超过 1％。石油类废水、农药水和有毒工业污水都会对福寿螺的生长与生存产生影响。

2. 水蛭养殖中福寿螺的几种配套养殖方式

(1) 水泥池养殖

① 养殖条件　面积 5～10m²，形状不限，池深 0.6m，水深 50～60cm，进排水齐备。

② 新修水泥池的处理　采用新修的水泥池养殖福寿螺不能直接放苗，应该进行适当的处理，不然，新池的碱性太重会引起福寿

螺死亡。新水泥池在使用之前，采用以下几种方式之一处理后方能正常养殖。

a. 水浸法 将池中灌满水，每浸泡 3～4 天换 1 次水，连续浸泡 2 周即可。

b. 过磷酸钙法 按照每 1000kg 水溶入 1kg 过磷酸钙，浸泡 1～2 天后放干池水后再浸泡 1～2 天后即可使用。

c. 醋酸法 用 10% 的醋酸或食醋冲洗池壁后放水浸泡 1～2 天就可以使用。

d. 酸性磷酸钠法 按照每 1000kg 水溶入 20% 酸性磷酸钠，浸泡 1～2 天后放干池水后再浸泡 1～2 天后即可使用。

e. 新修的小型水泥池如果急用，可以用红薯或土豆摩擦池壁，使淀粉浆黏在池壁，再加水浸泡 1 天后清洗即可。

③ 水泥池布置 池底铺设 10～15cm 的淤泥，水面放置水葫芦等漂浮性植物，水生植物的面积占水面积的 30%。池中还应该布置一些树枝、网片等，可以为福寿螺提供产卵的场所。水泥池上方可以搭建凉棚，防止夏天水温过高影响福寿螺的生长。

④ 放养 放养密度为 1000g 幼螺/m^2，产量可以按照最后收成为 10kg/m^2 估算。如果水泥池较多，可以进行分级喂养，按照幼螺、25g、50g、100g 的规格放养。

⑤ 水质管理 养殖水色以淡棕色、黄绿色为好。早期控制透明度在 25cm 左右，5～7 月透明度保持在 30～40cm，8～9 月透明度保持在 40cm。春季每 10 天换 1 次水，夏天每 5～7 天换 1 次水，秋天每 10 天换 1 次水，每次换水只能换 1/3。

⑥ 饲料的选择与喂养方式见前面的介绍。

(2) 土池养殖 采用长 3～5m、宽 2m、深 0.6m 的土池喂养，排灌方便，水质优良，水量充足。投喂密度为 350g 幼螺/m^2，产量可以按照最后收成为 3.5kg/m^2 估算。养殖方法参照水泥池养殖。

(3) 池塘养殖

① 一般选择池塘养殖鱼产量较低的浅水池塘，坡比 1∶3，进水口与出水口有 2‰ 左右的比降，淤泥厚度不能超过 20cm，进排水口设防逃网。

② 按照池塘养殖的方法对池塘进行整治、晒田、清塘。

③ 鱼池清塘药物毒性消失后可加水 30cm，种植水草，水草可以选择菹草、轮叶黑藻、苦草、伊乐藻等沉水植物，每平方米种植 3～5 棵。水草成活后，可加水至 50cm，放置水葫芦或浮萍等漂浮性水生植物，布置面积占水面的 1/3。加水过程中，要用 40 目的网片过滤，防止敌害生物进入池塘。

④ 一次性放养幼螺 5 万～10 万只，一次性放足，捕大留小，同时让成熟的福寿螺在池中自然繁殖，自然补种。每 667m² （亩）每天投喂青饲料 100～150kg，精料 10～15kg。

⑤ 加水换水视水质情况而定，如果福寿螺大多数在水面上活动，则证明水质变差，应该换水。也可以采取按照季节不同的换水方式进行，一般春季 10 天左右换 1 次水，夏天 5～7 天换 1 次水，秋天 7～10 天换 1 次水。每次换水只能换掉池水的 1/3。

⑥ 为了充分利用池塘的空间，并且给福寿螺提供自然繁殖的条件，可以在池中放置一些树枝、木桩、竹桩、废旧网片等。

(4) 沟渠养殖 主要利用废旧的沟渠或利用进排水沟进行养殖，可以达到废旧利用的目的。一般每 667m² （亩）放养幼螺 1 万～2 万只，投喂一些青草、青菜、瓜果皮等易得的饲料。

(5) 小水体养殖 利用一些边角废塘进行养殖，养殖方式与池塘养殖基本相同。

(6) 网箱养殖 网箱养殖比较灵活，可以在大水面中养殖，也可在池塘中架设网箱养殖，养殖简单，捕捞方便，是比较适合水蛭养殖中饵料螺喂养的一种方式。网箱的形状不定，可以是长方形、正方形、圆形或八角形。网箱大小可以是 1～100m² 不等，根据要求配备。网目的大小要根据幼螺的大小确定，以幼螺不能逃跑为原则，尽量选择网目大的网布，利于网箱内外的水体交换。网箱深度为 100～150cm，水深 80～100cm，架设网箱的水域水深要求在 1.5m 以上，网箱底部离池底不少于 50cm。网箱材料选择聚乙烯材料制作，网箱要提前 7～10 天下水，使网衣上附着一定的附着藻类，防止网衣擦伤幼螺腹足，引发疾病。可以在网箱中布置一些漂浮性植物，如水葫芦、水花生、浮萍等，占网箱面积的 1/3。

网箱养殖福寿螺的放养密度要比水泥池的略大一些，每天投喂

2 次，早上 8～9 时投喂日投喂量的 1/3，傍晚投喂 2/3，每天的投喂量为螺总体重的 1%～3%。

(7) 稻田养殖 稻田养福寿螺是一种种养结合的生态种养模式，是一种互利共生的关系。不需要专门针对福寿螺进行养殖，按照正常的水稻种植生产模式即可。不需要投喂饲料，让福寿螺摄觅稻田中的杂草即可。每 667m² （亩）放养 2000～3000 只幼螺，放养 20 天以后，稻田杂草对比下降 60%；30 天后杂草清除率达到 95% 以上，稻田不用除草。螺粪含氮量为 0.48%，接近猪粪的含氮水平。由于福寿螺的摄食量大、排泄物多，使稻田土壤有机质含量提高 5%～10%，这种种养模式可以减少稻田的除草剂的使用量，减少劳动投入；螺粪减少了肥料的开支和人工费用，有效地提高了水稻产量。同时，在不占用土地的情况下，能够有效地开展福寿螺的养殖。

（八）福寿螺的繁殖

1. 场地的选择

种螺养殖应该选择水质良好、水源充足、排灌方便、阳光充足、环境安静的地方，养殖面积可大可小，根据实际生产规模确定。种螺池可以是土池、水泥池、沟渠等，宽度以 100cm 左右为好，如果采用水泥池养殖，可以在底部垫一层 10～15cm 的淤泥，移植一些沉水植物，如菹草、轮叶黑藻等，水面移植一些水葫芦、水花生或浮萍等，占水面的 30%。在池中投放一些 30～50cm 的竹片、树枝或废旧网片等，作为福寿螺交配、产卵的场所。

2. 养殖前的准备

放养种螺时，采用鱼类养殖中的清塘办法对池塘进行消毒，杀灭敌害生物。

3. 种螺的选择

选择 4 月龄以上，个体重量在 30～50g 以上的种螺。要求个体大，螺壳完整。腹足力大，能够保证产卵、仔螺的质量和数量。雌雄比例一般为（4～5）:1。在选择种螺时，应该注意雌雄种螺的区别，具体识别方法如下。

① 在相同的饲养条件下，同龄中雌螺比雄螺大。

② 同龄的雌螺身体扁平，整个厣向内凹陷。雄螺壳呈喇叭形，

厣的中部向外凸起，呈扁桃形。

③ 3～4cm 的螺体，螺壳呈透明状态时，雄螺第二螺层中部右侧有一淡红色点为精巢，雌螺没有。

④ 当福寿螺的头足伸出爬行时，雄螺的右触角向右弯曲，这一弯曲部分就是生殖器，交配时伸入雌螺的子宫内射出精子；而雌螺的触角则没有这种弯曲。

4. 种螺的运输

种螺的运输可以采用干法运输。用箩筐运输是最常见的一种运输方式，先在箩筐底部放一层水草，然后放一层螺蛳，再放一层水草，依次层层向叠。如果运输时间较长，在运输途中应洒水保持壳体湿润。

5. 种螺的放养

放养密度，规格 3～5g/只为 50～100 只/m²；规格 30～50g/只为 10～20 只/m²。

6. 种螺的饲养

饲养方式按照前面介绍的饲养方式进行。

7. 繁殖

福寿螺一般采取自然繁殖，收集卵块孵化的方法，在产卵季节，在池中布置树枝、竹片或水泥池中流出一部分池壁。福寿螺一般在离水面 15cm 左右的高度产卵。木条、树枝、竹片每平方米插 2～3 片。种螺一般在夜间、黄昏或阴天进行繁殖，从交配、受精到受精卵排出一般需要 15～20 天。每年 3～11 月，种螺交配后 3～5 天，雌螺晚上爬离水面，在植物的茎叶、池壁或竹竿上产卵，产卵时间持续 40～80min，卵块呈红褐色条块状。雌螺产卵后，便缩会腹足，自动掉入水中。福寿螺产卵后，收集卵孵化，收集卵块的时间不能过早，也不能过晚，过早卵块太软，不易剥离；过晚胶状物凝固，会损坏卵粒。一般在产后 10～12h 后，在胶状黏液还没有全干时，可以轻轻将卵块收集起来。

8. 孵化

孵化的方法一般有两种，自然孵化和人工孵化。孵化要求空气湿度 80%～90%，温度为 25～30℃，孵化时间为 7～14 天。

（1）自然孵化 卵块收集后，可根据卵块的多少选用孵化盆等容器，在容器中盛水 10～15cm，并放入浮萍。在高出水面 10cm 左右的地方放置铁丝网或竹筛等，网眼为 6cm，把卵块放置在卵架上即可。幼螺的孵化时间与水温的高低有很大的关系，在适宜范围内，水温越高，孵化时间越短，水温越低，孵化时间越长。如果孵化水温低于 18℃，则不能孵化；高于 30℃，孵化期虽短，但孵化率降低，所以虽然福寿螺能够在较高的水温中生活，但只能在 30℃ 以下的温度下孵化。但如果有恒温条件则孵化效果更好。

福寿螺的幼虫在卵壳中发育成幼体，孵出的幼虫已经成为福寿螺的样子。在卵壳中发育完整的幼螺靠顶力把壳顶破。出壳的幼螺开始爬行，自行跌入水中。

（2）人工孵化 将一个水缸放入 10cm 的水，在水面上 3～5cm 处放一个用 5mm 网目的网布做成的盘，把受精卵放在盘中，保持水温 28℃，经过 12 天即可孵化出幼螺。

9. 越冬

福寿螺养殖的最佳水温为 24～30℃，20℃ 以下摄食量降低，在水温 12℃ 以下，活动力明显下降，水温 8℃ 以下就停止活动，进入冬眠状态，3℃ 以下就会出现冻死现象。因此在水温降到 10℃ 左右，就应该做好越冬准备。越冬的方法有以下几种方法。

（1）室内越冬 利用冬季室内温度较高的条件，在室内在水缸中放 33cm 左右厚的泥土，放水 30～50cm，放入越冬的福寿螺，保持室内温度 10℃ 以上。

（2） 利用防空洞、沼气池、水井等进行越冬。

（3）干法越冬 当水温降至 10～12℃ 时，捞起福寿螺，冲洗干净后，在室内大小分离、晾干，使田螺体内的粪便排干，不遇水不再活动，3～5 天后剔除破壳螺和死螺，再在上面放一层螺，然后装入纸箱。装箱时，每放一层螺，要垫一层纸屑或刨花，装完后捆扎，放在 6～15℃ 的通风干燥处越冬。在越冬过程中，切忌忽冷忽热，不能使室温低于 5℃，也不能高于 15℃。当水温上升到 15℃ 以上时，可以把螺放入池中。

（九）幼螺的饲养

1. 场地的选择

幼螺的养殖主要采用小容器或小型水泥池培育，也可采用池塘培育，条件选择性不强，只要水源充足、水质优良、排灌方便即可。

2. 放养前的准备

放养前按照鱼类养殖方法进行清塘消毒。

3. 放养密度

刚孵化出的幼螺放养密度为 $5000\sim10000$ 只$/m^2$，养殖 20 日龄的放养密度为 1000 只$/m^2$。当螺长到 $5\sim10g$ 后可转入生产池养殖。

4. 饲养

（1）15 日龄内，幼螺的消化系统还不健全，食量也不大，主要摄食浮游生物和腐殖质，可以保持养殖水体一定的肥度，为幼螺提供丰富的天然饵料生物。在 1 周内每天可投喂 2 次麦麸和浮萍；1 周后，可以投喂一些水生植物。

（2）15 日龄后，可投喂青菜、青草、水葫芦、水浮莲、水花生、水草、瓜果皮等，可少量投喂一些猪粪、鸡粪、牛粪、花生饼、菜饼、米糠、麸皮等，要保证饲料的新鲜。

（3）10g 以下的幼螺饲料应该以红萍、嫩菜叶为主，适当加一些米糠、麸皮、鱼粉等。10g 以上则投放青菜、瓜皮、水草为主，配合投喂一些米糠、麸皮、鱼粉、豆饼等。

（4）每天投喂 2 次，上午 $8\sim9$ 时投喂 1 次，傍晚 $5\sim6$ 时投喂 1 次，投喂量以 $2\sim3h$ 吃完为好。

5. 水质管理

幼螺对水质的要求比成螺的要高一些，水质的好坏直接影响到幼螺的生长，不要等到水质发臭后才换水，应该每隔 $3\sim5$ 天换 1 次水，每次的换水量为池水的 1/3。

（十）中螺的饲养

幼螺经过 30 天的喂养，个体体重可以达到 5g，进入中螺期，中螺期的喂养对水体的要求与幼螺的要求基本相同。可以选择小水体养殖和大水体养殖。

1. 小水体养殖

水深30cm，水面上留出10～20cm的空间。放养密度为500～1000只/m²。主要以青饲料为主，每天的投喂量为1000g/m²；精料100g，精料选择豆饼、鱼粉、米糠、麸皮和配合饲料都可以。

2. 大水体养殖

大水体选择1334m²（2亩）以内，按照池塘养殖鱼类要求清塘消毒，杀灭池中鱼类、蛙卵等敌害生物，水深不能超过1m，放养密度为每667m²（亩）3万只。在池中投放一些浮萍、水浮莲或水花生，面积不能超过水面面积的30％。每天投喂2次，每天上午8～9时投喂1次，占总投喂量的40％，傍晚投喂1次，占总投喂量的60％。饲料以青饲料为主，主要为水草、青菜、青草、瓜果皮、红薯等，也可投喂一些精料，如豆饼、鱼粉、血粉、米糠、麸皮和配合饲料。每天的投喂量为池中螺总重量的10％。

（十一）育成螺的饲养

1. 场地的选择

可以选择小水体养殖，也可采用大水体养殖，还可以用网箱、稻田养殖，只要有充分的水源，水质优良即可。

2. 放养前的准备

按照池塘养殖要求进行消毒。

3. 放养密度

放养密度为20～40只/m²。

4. 饲养

10g以上的福寿螺以菜叶、水草、瓜皮等为主投喂的青饲料要剁碎投喂，除了投喂青饲料以外，混合5％的优质精饲料，并添加适量的矿物质和维生素添加剂。投喂量为池中螺总重量的5％，每天投喂2次，上午1次，傍晚1次，上午的投喂量为全天的40％，傍晚的投喂量为全天投喂量的60％。每次投喂的饲料不能太多，保证在2～3h吃完为好，不能投饵太多影响水质。为保证良好的水质条件，每隔5～7天换1次水，每次换水量为池水的1/3。

（十二）成螺的饲养

1. 场地的选择

池塘面积以 $667\sim1334m^2$（$1\sim2$ 亩）为好，并在池中种植一些沉水植物，水面布置占池面 30％的漂浮性植物，如水葫芦、水花生、浮萍等。

2. 放养前的准备

按照鱼类养殖进行池塘消毒，杀灭敌害生物。

3. 放养密度

放养密度为 100 只/m^2。

4. 饲养

成螺养殖以青饲料为主，本章前面介绍的植物性饲料都可以作为成螺的饲料，要剁碎后投喂，不能投喂带刺的饲料。投喂时，可以添加 5％～10％的精饲料或配合饲料，本章前面介绍的精饲料都可以作为精饲料投喂，投喂时还要投喂微量元素和维生素添加剂，各控制在 1％以内。投喂量为每平方米投青饲料 500g、精饲料50g。投喂量一般占池中螺总重量的 1％～3％。在喂养期间，每5～7 天换水 1 次，换水量为池水的 1/3。

第四章

水蛭标准化养殖技术

➡ 第一节　选址要求

一、水源

　　水源的选择首先考虑水源的资源、水量是否充足。虽然水蛭养殖的水源水量没有鱼类养殖的需求量大，但水源不充足或者出现季节性的断流或枯竭就会直接影响生产。一般来讲，只要是水质好的江河、湖泊、水库、山泉、溪流或地下水都可以作为水蛭养殖的水源。在选择水源时还要掌握当地的水文、气象资料。防止旱季缺水，雨季洪涝。

二、水质

　　水质主要包括物理的和化学的两种因素。物理因素主要为水温和透明度。水蛭生活在水中，水温的高低直接影响着水蛭的生活与生长，在适宜的水温条件下，水蛭生长就快，不适宜的水温水蛭生长就慢，甚至停止生长或消瘦。水蛭适宜生长水温为 10～30℃，最适水温为 22～28℃，在这个区间生长最快。在 10℃ 以下食欲开始减退，8℃ 以下基本不摄食；在 32℃ 以上食欲减退。所以，在水源的水温变化范围内，适宜水温期尽可能要长一些，最好是最适水温期也长一些。透明度表示阳光照入水体的深度，阳光照射的多少，一方面影响着池水的水温，水温的高低直接影响到水蛭的摄食、生长、发育和繁育；另一方面决定着水中的光合作用，光合作用一是可以给水中提供充足的氧气，二是可以影响水中饵料生物的生长。水蛭养殖的透明度要求是 20～40cm。

池塘的化学因素包括溶氧、二氧化碳、硫化氢、氨氮、硝酸盐氮、亚硝酸盐氮、溶解盐、pH值、溶解有机物。渔业水质标准中规定"连续24h中，16h以上必须大于5mg/L，其余任何时候不得低于3mg/L，对于鲑科鱼类栖息的水域或冰封期其余任何时候不得低于4mg/L"。二氧化碳是水生植物光合作用的原材料，有了水生植物的光合作用就可以生产出大量的氧气和鱼类的饵料，光合作用是水中氧气的主要来源。二氧化碳过多会对鱼类有一定的麻痹作用和毒害作用，对水蛭的作用还没见报道，一般情况下不会发生此类现象。硫化氢是水中含硫有机物经嫌气细菌分解而成的有害气体，渔业标准规定"≤0.2mg/L"。氨氮是氧气不足情况下产生的有害气体，渔业标准规定"≤0.02mg/L"。硝酸盐氮是水中氮存在的一种比较稳定的形式，如果含量过多也会对水生动物产生影响，渔业标准规定"≤0.05mg/L"。亚硝酸盐氮是一种不稳定的氮化合物，含量过多对水生动物产生毒害作用，因此越少越好。水中的溶解盐对水体的硬度和pH值有影响，各种盐类对池塘水生态环境以及物质循环有一定的影响，都应该控制在一定的范围之内。pH值渔业法控制范围为6.5～8.5。溶解有机物是生产生物饵料的物质基础，在自然水域比较重要，可以培育大量的浮游生物，但这些物质尽量少些为好，如果过多会影响水质。

三、土壤

土壤种类决定池塘的保水性能，砂土、粉土、砾质土壤不保水，也不保肥，容易崩塌，不适合建造养殖池。建造水蛭养殖池最好的土壤为壤土，其次为黏土。壤土介于砂土与黏土之间，含有一定的有机质，硬度也适当，透水性差，吸水性强，养分不易流失，土壤内空气流通，有利于有机物的分解。黏土的保水性强，但干旱时容易形成龟裂漏水。在进行池塘建设时除了注意土壤种类外，还要注意土壤的化学成分，不能使用含有有毒化学物质的土壤。

四、交通

在选择建设场址时，也要考虑交通问题，在生产过程中生产物资和生产产品的运输是经常发生的，最好选择离国道、省道或区域主要公路较近的地区，但不能太近，如果太近，公路噪声会对水蛭产生一定的影响，一般控制在1km以外。

五、电力

电力是生产的保障，在生产过程中，虽然没有其他行业对电力的依赖性那么强，但是也离不开电力。特别是在天气闷热、气压较低的天气条件下，以及水质变化时，主要靠加水或换水来调节水质，如果没有电力供应，就会影响水蛭的生长，造成损失。

六、地形

尽量选择能够节省劳力和投资的地形，如在进行养殖池建设时，能够选择地势较高的地方进水，可以借助地势实现进排水自流，减少能耗，也可以建设梯级养殖池。

七、生态环境

除了水生态环境直接影响生产以外，水环境以外的其他生态环境也会对生产产生间接影响，也是在养殖池建设过程中要考虑的。

1. 空气

空气中的有害物质不会对池塘水质产生直接影响，但也会间接影响，比如有毒空气中的有毒物通过空气流动溶于水中，虽然不能造成水蛭的死亡，但会影响水蛭的品质。有的还会对水体的水质直接产生影响，如二氧化硫溶入水中就会降低水的pH值，造成对水蛭的影响。

2. 水

这里说的水是指水源以外的水，如水源主渠道以外的支流水的水质、农田的径流水以及其他带有有害物质的水流入主渠道后进入养殖池，都会对水蛭产生影响。

3. 废渣

废渣有工业垃圾、生活垃圾，这些垃圾通过雨水的冲刷，其中的有害物质溶解进入主渠道或养殖池对水蛭产生影响。在养殖池建设时要远离这些地方。

八、社会环境

社会环境主要是物质供应与治安状况，如果养殖场附近有良好的物质供应条件就可以大大减少生产成本，如果物质供应较远，就会增加生产成本，这是众所周知的。治安状况是指在生产过程中要有一个良好的生产环境，避免不良环境造成对生产的影响，甚至发生偷、抢、阻止生产的事端。这也是在选址中要考虑的。

九、市场环境

市场环境问题在现在的物流条件下已经不是简单范围内的市场环境，每个养殖者不可能依靠周边的市场完全销售自己的产品，通过物流，可以把产品销售到全国各地，虽然对于生产者是一个好事，但也给生产者提出了更高的要求，就是对市场的掌控能力，也就是信息平台的建设。这也是现代养殖场需要考虑的软件建设内容。

十、排灌

按照淡水养殖标准化建设要求，进水与排水分开，排灌方便。另外，还要考虑雨季的排涝问题和干旱季节的水源供应情况。

十一、饲料供应

水蛭的饲料比较单一，浮游动物、田螺、福寿螺是水蛭最可口的饵料，如果采用天然饵料养殖，就应该考虑饵料的供应。浮游动物可以通过池塘培育；福寿螺是引进品种，在我国没有自然资源可以利用，只能进行人工养殖；我国的有厣淡水螺类都可以作为水蛭的饵料，可以在自然水域中采集。所以，如果采用田螺等养殖水蛭，就要考虑田螺等螺类的资源。如果采用人工养殖，要考虑饵料的培育。

➔ 第二节　池塘养殖

池塘养殖是水蛭养殖中最常见的养殖形式，近年来，通过对各种水蛭养殖的效果比较，到目前为止，宽体金线蛭采用池塘养殖方式效果没有医蛭的养殖效果好，池塘养殖宽体金线蛭的养殖技术还有待进一步的探索和总结。医蛭常采用池塘养殖，养殖效果也比较好，在这里我们主要介绍医蛭的池塘养殖方法，兼顾介绍宽体金线蛭的池塘养殖技术。

一、围栏建设

　　水蛭在食物充足、水质良好的水域条件下，不会逃逸，如果出现饲料短缺、水质条件恶化，就会出现逃逸现象。水蛭的逃逸路径主要有4种，第一种是出水口顺流而下；第二种是进水口逆流爬出；第三种是土下钻洞逃逸；第四种是通过陆地爬走。后三种逃逸主要是依靠前后两个吸盘的前后运动。水蛭逃逸的路径主要是进排水口或陆路。进排水口阻止水蛭逃逸的方法很简单，只要搞好栏栅就可以有效阻止水蛭逃逸。水蛭最大的逃逸出路是通过陆路逃逸。由于水蛭能够长时间离开水体而不死亡，它的吸盘大而有力，一般的防逃设施很难阻止它逃逸。如我们常见的塑料薄膜防逃隔离网，也很难阻止它逃逸。一般情况下水蛭防逃网的建设方式是用1m宽的60目尼龙网或纱窗布用木头或竹竿作为支撑围成围栏，并把尼龙网下埋20cm，可防止水蛭由土中钻出。防逃网（图4-1）上沿出檐边20cm，与围栏成90°固定。

图 4-1　防逃网

二、养殖池开挖

　　养殖池一般选择靠近水源的地方，便于排灌。养殖池的建设以坐北朝南，东西走向为好，池水深0.5～1m，水深低于池顶20cm。池的长度和宽度要根据养殖规模和养殖池的用途而定，可以灵活掌握。各种养殖池建设大小参考如下。

孵化池：(6～10)m×(18～25)m。

苗种养殖池：(6～10)m×(18～15)m。

成蛭养殖池：(10～15)m×(40～50)m。

水蛭池塘养殖池开挖图见图4-2。

图4-2　水蛭池塘养殖池开挖图

三、池底处理

养殖池如果采用土池，可以护坡，也可以采用1∶1.5的坡比建设，池底不需要进行特殊建设，可以移植一些水草，如菹草、轮叶黑藻、苦草、慈姑等。在池底投放一些大小适当的鹅卵石，供水蛭附着或藏匿。

四、进排水口的建设

每个养殖池都应该设进排水口。进水口设1个，底部进水和池面进水都可以，采用底部和上部进水，进水口都要做好防逃网。排水口设1个，一般在池的底部，可以把池水排干，出水口要设防逃网。在水面部位设溢水口1个，防止加水过多或雨水漫池，造成水蛭的逃逸，溢水口同样要做好防逃处理。

五、遮阴设施

为了防止阳光直射和夏天的水温过高影响水蛭的生长发育，可以利用竹竿或金属管搭建凉棚，栽种一些藤萝植物，如葡萄、丝瓜、苦瓜等，以达到遮阴的作用。

六、养殖池的建设方式

养殖池的建设形式可以根据实际地形和养殖要求而定，一般形式有三种（图4-3）。一种是池塘式，这是最普遍的一种形式，采用的是鱼类池塘养殖的形式，这种池一般比较大，适合大规模的养殖，管理起来比较方便，缺点是放养的数量较大，一旦少数水蛭感染疾病会迅速感染许多水蛭，造成大面积死亡；另一种是中岛式，就是在池中留一个土质小岛，利于水蛭在不良水质、水温时躲避，如在冬季来临时，可以钻入土中越冬；还有一种形式就是水沟式建设，这是现代养殖池的建设方式，这种养殖池养殖面积不大，操作方便，易于管理，可以灵活应对各种不良现象的发生。

(a) 池塘式养殖池　　　(b) 中岛式养殖池　　　(c) 水沟式养殖池

图 4-3　养殖池的几种建设方式

七、养殖池准备

土池中的淤泥较多，淤泥中容易藏匿许多有害病菌，在鱼类养殖时，一般采取清淤、晒田和清塘来杀灭有害病原体，达到预防疾病的目的。水蛭养殖也是一样，同样要在冬季冬闲时对池塘进行整治，清理过多的淤泥，保持池底淤泥的厚度在 $15\sim25cm$，夯实池埂，堵塞鳝鱼洞、蛇洞、老鼠洞，还可以清理冬眠的青蛙。清整后，要进行晒田，利用阳光紫外线的照射，进一步杀灭病原体。具体方法是排干池水，利用阳光晒干池底，白天可以通过紫外线杀灭病原体，晚上气温较低，可以利用低温冻死一些病原体。在水蛭放养前期，加水 $20\sim30cm$，采用生石灰和漂白粉消毒。生石灰的用量是 $100g/m^2$，首先在池中挖若干个小坑，放入生石灰，浇水，待石灰化开后趁热全池泼洒，第2天再用泥耙把底泥耙1次，让生石灰充分与底泥混合，杀灭藏匿在底泥中的有害生物。也可以采用漂白粉清塘，每 $667m^2$（亩）用 $5\sim10kg$，全池泼洒，如果池水达到 $50cm$ 以上，用量加倍。利用漂白粉遇水后释放的次氯酸，次氯酸放出的新生态氧杀灭病原体。两种药物清塘效果差不多，而且都是生态环保药物，不会对水蛭生长发育以及品质产生影响。生石灰清塘 1 周后可以放水投苗，漂白粉只要 $3\sim5$ 天就可以放水投苗。放水时要用 40 目的网布包裹进水口，防止有害生物通过进水口进入池塘。

在投放水蛭之前，可以在池中移栽一些沉水植物或挺水植物，如菹草、轮叶黑藻、苦草、慈姑等，可以作为水蛭附着和藏匿、栖息的场所。

八、苗种的选择与投放

水蛭种蛭的好坏，是水蛭养殖成败的基础，质量好的水蛭，能够很快适应新的环境，在科学的喂养下，生长发育迅速。体质差的水蛭，在养殖过程中不仅生长慢，而且容易得病，成活率低下，甚至造成大量死亡。所以在购买水蛭苗种的时候，一定要了解苗种生产的种源情况，选择身体健康的优良品种。

（一）苗种的质量

苗种的质量要求规格整齐、大小一致、无病无伤、体表光滑、活泼好动、体色清晰的个体。鉴别的方法主要有一看、二放、三吸、四挤。"一看"体色是否清晰，规格是否整齐，体表是否光滑，是否有伤，是否符合水蛭的生物学特性。如果体色不清晰，体表不光滑，或有伤的个体不能要。"二放"是把苗种放在盘中或手上，看水蛭是否马上缩成一团，片刻后马上展开爬动，而且行动迅速，则证明为好苗；如果放下后，身体收缩不动或者行动缓慢，则苗种肯定有问题，不能放养。"三吸"是拿住水蛭，用手指接触水蛭的后吸盘，看吸盘的力量大小，如果有力则为好苗，如果无力，甚至不吸附手指，则苗种质量差。"四挤"即手拿水蛭，轻轻向后挤压腹部，如果有脓状物流出，则苗种质量有问题，不能放养。在购买大批苗种时，可以采用抽检的方式，首先目检，如果发现活动迟缓，体色黯淡没有光泽，受伤较多，就应该放弃购买。如果目检较好，可以进行进一步的检查。购买时一定要选择质量好的苗种。

（二）放养规格与密度及时间

放养的规格可以根据收获的时间、养殖条件、技术水平等来确定，一般来讲，初次进行养殖的，可以购买规格较大的个体，虽然购买成本较高，但养殖的成活率高，待有经验后再降低放养规格。有经验的可以选择规格相对小一些的，通过科学的喂养，可以促进水蛭的快速生长，获得更多的收益。医蛭的蛭种放养规格一般在2g/只左右，可以根据实际情况进行选择。

放养密度也是根据收获时间、养殖条件、技术水平而定。一般来讲，初次养殖，没有经验，可以把放养密度降低一些，通过养殖摸索出一定的经验后再提高放养密度。无论是有经验的养殖者，还是初学者，放养密度的选择直接与收益相连，放养密度过小，虽然个体之间的竞争不激烈，个体生长迅速，但池塘的产量较低，池塘资源没有有效利用。如果密度过大，则会引起食物、溶氧不足，影响水蛭的生长发育，会出现弱肉强食的现象，小的吃不饱、吃不好，个体差异越来越大，如果出现食物短缺，还会引发水蛭相互之间蚕食受伤，引发疾病。同时由于代谢物量过大，会造成水质的污染、病菌的滋生和蔓延，引起水蛭的发病和死亡。一种合理的放养密度，要通过数年的养殖经验确定，因各地个人的具体情况不同而有所不同。以医蛭为例，一般的放养密度如下。

2月龄以下：$1500/m^3$。

$2\sim4$月龄：$1000/m^3$。

4月龄以上：$500/m^3$。

成蛭与幼蛭混养：$800\sim900/m^3$。

水蛭的放养时间一般为每年的$3\sim4$月。放养时，同时也把螺蛳放养进池。

（三）放养前的消毒

水蛭在放养前，进行适当的体表消毒，可以大大减少疾病的发生，特别是因为体表受伤引发的疾病。蛭体消毒一般采用高锰酸钾溶液，用量为0.1%。浸泡时要根据水蛭的反应情况确定浸泡时间，一般$5\sim10min$，如果水蛭反应平稳，浸泡时间可以长一些，如果反应激烈，出现急躁、乱窜，甚至卷曲沉入水底多时，应该尽快结束浸泡。浸泡完毕后，不应该用工具捞起，应该连同浸泡液一起倒入池中，这样效果会好一些。因为如果水蛭体表有伤，进入药液后，由于药液的刺激，伤口处会迅速分泌黏液把伤口连同药液包裹，药液可以发挥持续作用，在浸泡完毕后，如果用工具捞起水蛭，伤口处的黏液容易脱落，伤口又直接接触池塘水体造成感染。消毒完毕后，要轻轻倒掉容器中的消毒液，把水蛭倒入池边的土壤上或水泥池中搭建的产卵床上的泥土上，并在身体上撒上薄薄的细土，让水蛭自己慢慢爬入水中，通过这种方式，还可以对水蛭的质量作进一步筛选，如果发现有水蛭在岸上长期不下水，证明肯定有严重的外伤或内伤，也可能患病较严重，应该淘汰了，不得放养。

九、日常管理

（一）喂养

水蛭的食物主要是螺蛳、蚌、浮游生物、水生昆虫以及动物的血液和体液等，有时也食一些植物的根、茎、嫩叶等。总的来讲，食物选择面较窄。

1. 螺蛳等软体动物的投喂

水蛭对螺蛳的选择根据身体的大小选择有所不同，水蛭较大时，可以以大小不同的螺蛳为食，在摄食时，在螺蛳附近等待，一旦螺蛳的厣张开，水蛭的前吸盘迅速伸进螺蛳的厣下，吸取螺蛳的血液和体液，螺的厣紧闭的压力也耐它不何。而幼螺如果把前吸盘深入成年螺蛳厣下，就会被厣收缩时的压力夹断而亡，所以幼螺只能摄取小螺蛳的体液和血液为食。水蛭觅食田螺的过程见图4-4。

螺蛳的投喂，1年多次投喂，一般第1次每667m² （亩）投喂30kg，以后每隔5～7天投喂1次，每次投喂的数量为池中水蛭数量的5～7倍。也可以每隔5～7天投喂1次，每次的投喂量为水蛭数量的5～7倍。平时可以观察螺蛳的密度，如果数量较多，就不需要再添加，如果很少，可以缩短间隔时间。螺蛳的第1次投喂最好在水蛭下塘之前1天投放。螺蛳应该选择健康的成螺，要剔去死螺、空壳。螺蛳投喂时间与水蛭的投放时间基本一致，都在3～4月放养，两者的繁殖时间也基本一致，都是每年的5～6月，这样，

图 4-4　水蛭觅食田螺的过程

当水蛭的仔蛭孵出后，正好是幼螺出胎时，正好作为仔蛭的饵料，随着仔蛭生长到幼蛭，幼螺也在不断的生长，可以源源不断地给水蛭提供适口的螺蛳。

2. 浮游生物的培育

浮游生物作为水蛭的饵料生物对于水蛭的生长发育十分重要，由于水蛭的食物比较单一，容易造成营养的缺失，引发疾病。比如维生素的补充，可以通过摄入浮游植物来实现，营养的其他成分，也可通过浮游动物来补充，这样使水蛭的营养更为全面，也是人工投喂的一种饲料的补充。水蛭耐低氧的能力较强，但优良的水质更适合水蛭的生长。浮游生物的培育，主要通过肥水的措施来实现，如果水质过肥，虽然不会引起水蛭的死亡，但会影响水蛭的生长，所以一般要求池水透明度为 20～30cm，水色为茶褐色或绿褐色为好。水蛭下塘前，每 667m² （亩）施发酵后的粪肥 150kg，以后视水色追肥，每次追肥不得超过每 667m² （亩）100kg。肥料要进行全池抛洒，以保证全池各处都有。施肥的目的不仅是为了给水蛭提供饵料，同时也给螺蛳提供了丰富的饵料，也就给水蛭提供了更多的饵料。

3. 动物血液的投喂

在水蛭喂养中，投喂动物血液是必不可少的，对于增强水蛭的体质，加速生长很有好处，但动物性血液投喂过多，一方面会增加投入，另一方面动物血液进入池中对水质的影响较大，所以，一般每周投喂1次。投喂时，把动物血液放在一块木板或泡沫板上，水蛭闻到动物血液的腥味后自然会爬上板觅食，吃饱后会进入水中，待板上基本没有水蛭后，可以收起板子及动物血液（图4-5），禁止把没有吃完的血液块抛入池中以免造成对水质的影响。

图4-5　投喂动物血液的食台

（二）水质管理

水蛭养殖中的水质管理比其他水生动物养殖简单一些，只要不出现严重的水质问题就不会引发水蛭的死亡。水质的管理主要通过对水色的判断，保证透明度在20～30cm范围内即可。在对水色判断时，可以参考图4-6（彩图）的颜色指示。

好水的指标为，溶解氧4～5mg/L，达到6～9mg/L更好；pH值7.5～8.5；氨氮0.025mg/L；亚硝酸盐氮0.05mg/L。

在养殖中，要防止发生图4-7（彩图）中的水色，一旦出现这种水色，要立即更换池水，否则会对水蛭产生很大的影响，引发死亡。

在养殖中的不良水色主要有以下几种。

① 蓝绿色——蓝藻水，主要是水中的蓝、绿藻过多并发生死

(a) 肥水时的水色

(b) 中度肥水时的水色

图 4-6　正常的池塘水色

(a) 蓝绿藻过多的水色

(b) 裸藻过多的水色

图 4-7　两种不良水色

亡现象产生的水色变化。

②砖红色——裸藻水，主要是水中的裸藻过多并发生死亡现象产生的水色变化。

③灰黑色——缺磷水，水中严重缺磷产生的一种特殊水色。

④灰白色——轮虫水，这种现象是一种短期的现象，随着水蛭对轮虫的利用和枝角类的产生，轮虫的数量会慢慢减少。水色也会慢慢恢复到正常水色。

⑤绛红色——水蚤水，这是成熟的水蚤过度生长后的一种现象，成熟的水蚤过多不利于水蛭的摄取，由于水蛭的口裂较小，比较适合觅食小的水蚤，如果成熟的水蚤过多，还会引起池塘的溶氧下降，影响水蛭的生长。可以采用泼洒敌百虫的方式杀灭，具体用

法可以按照使用说明使用。

⑥ 深黑色——严重污染水，出现这种现象时，应该找到污染源，并停止使用，采用其他的水源供水。

发现以上水色，立即换水，并寻找原因，避免事态的再度发生。

一般情况下，每 10～15 天换 1 次水，每次换水量为池水的 1/3～1/2，切莫一次换水量过大。如果采用井水，则要对水质进行化验，不适合水蛭养殖的井水不得使用，适合养殖的井水在进入池塘前最好经过曝气处理后使用。如果直接使用，一次加水量不得超过 1/3。

（三）繁殖

一般经过 150 天的喂养，体重 1.5g 左右的医蛭一般都可以达到性成熟。气温和季节合适时，成熟的水蛭会钻入土中进行产卵孵化。孵化出的仔蛭会自然寻找刚产出的小螺蛳，吸取小螺蛳的体液和血液作为饵料，同时也会摄入浮游生物。利用性成熟的水蛭在池中进行自然繁殖，不仅有效地利用了池塘及水蛭资源，同时也可以为第 2 年的养殖提供大规格的幼蛭，可以大大减少苗种的投入。

（四）防逃

水蛭逃逸除了进排水口的逃逸外，也可以从四周逃逸。在有幼蛭的池塘，围栏的网目不得低于 50 目，否则，水蛭会通过身体的伸展，从小孔中逃逸。除此之外，还要适时检查围栏及进排水口过滤网的破损情况，防止水蛭从破损处逃逸。

（五）巡塘

巡塘是水产养殖中的日常工作，一般情况早晚各巡塘 1 次，主要工作如下。

1. 观察水蛭的活动情况

水蛭的活动情况是养殖者必须掌握的情况，通过对其活动的观察，了解其健康状况和水质情况，根据发现的情况及时应对，采取相应的措施，避免事态进一步发展，减少或避免损失。观察方法主要通过对水蛭生活规律的了解、摄食特性的了解，对比观察的情况，发现问题后马上解决。

2. 观察水质变化情况

水质的变化直接影响水蛭的生活质量，也就影响到水蛭的生长发育，主要根据前面介绍的水色判断方法进行判断，了解一天中水色的变化规律，使水色达到"嫩、爽、活、肥"，及时加水、换水。

3. 观察食物的丰歉情况

食物的丰歉情况主要是对螺蛳多少的观察，如果少了，要及时添加。另一个是对水色的观察，通过水色的观察，了解浮游生物的多少，决定是否追肥。

4. 清理水中杂物

池中的漂浮物、杂草和腐烂的水草要及时清理，有些池塘水草生长得太密集，需要适当稀疏，防止水草过密影响水蛭生活，水草的覆盖率不能超过30%。对于有些水草，要注意季节性的死亡造成水质的变坏，如菹草，每年6月大量死亡，引起水质变黑、变臭，如果水中菹草过多，要注意6月左右菹草死亡时的水质变化。池塘四周岸边水草是藏匿敌害生物的地方，要进行及时的清理，防止敌害生物隐藏伤害水蛭。

5. 清理水中死螺或空螺

螺蛳被水蛭吸取体液后都会死亡，死亡的螺蛳有的腐烂时会有少部分漂浮在水面上，腐烂后会沉入池底，大部分会在池底腐烂，不再漂浮；死亡的螺蛳要及时捞出，避免死亡的螺蛳影响水质。

6. 驱赶敌害生物

鱼类、鸭、水鸟、老鼠、水蛇、小龙虾、野螃蟹、青蛙、水蜈蚣等都是水蛭的天敌，要进行必要的清理和驱赶，避免伤害水蛭。

7. 做好养殖日志

养殖日志的建立，是个人技术资料的积累和总结，通过日志记录养殖过程中的工作经历，特别是对于一些突发或者以前没有发生过的事情的处理记录，对于提高自己的技术水平，指导以后的养殖很有必要。

十、医蛭的养殖管理

1. 饵料要求

医蛭中菲牛蛭与日本医蛭有嗜血的习性，以动物血液为营养，也食软体动物的血液和体液，茶色蛭一般情况下不吸血，但投喂动物血液时也能觅食。所以，在人工养殖条件下，主要以螺蛳为主，兼食一些浮游动物，所以还是以投喂螺蛳为主，其他饵料为辅，每隔一段时间投喂一些动物的凝血块，不仅可以加强它们的营养，而且对于提高体质和成活率也有好处。螺蛳的投喂第1次为每667m²（亩）30kg，投喂时间与水蛭投放时间基本一致，即每年的3月底至4月初。以后每隔5～7天投喂1次，投喂量为池中水蛭数量的5～7倍。池中除了有投喂的成螺外，因螺蛳的繁殖时间与水蛭的繁殖时间大致相同，螺蛳的种群数量也在不断地变化中，会有小螺蛳不断地补充水中螺蛳的数量，一般不会出现螺蛳不足的现象，如果发现螺蛳的数量偏少，可以适当补充一些螺蛳，但补充的数量不能太多，因为螺蛳的数量过多，也会消耗水中的溶氧和浮游生物，从养殖角度讲，与水蛭有一定的环境冲突和食物冲突。由于在自然条件下，医蛭主要以包括人在内的动物血液为主要食物，在人工饲养下，适当补充一些动物的凝血或干血粉，对于提高医蛭的生长速度和增强医蛭的体质大有好处，所以，一般每周投喂动物血块1次，投喂方法采用搭建食台的方法，把动物的凝血块放在能在水中漂浮的木板或泡沫板上，投喂数量为池中水蛭中体重的1%～2%，如果不够，可以增加，如果多了，则在第2次投喂时适当减少。投喂时间为下午5～6时，可以直接把血块放在木块或泡沫板上，水蛭闻到血块的腥味后会自行爬上去觅食，吃完后会自动离开，一般第2天检查板上血块的吃食情况，如果还有剩余，要把木板或泡沫板拿出池塘并清理干净，防止血块进入池中影响水质。

2. 水质要求

医蛭对水质的要求略高一些，因为它对浮游生物的利用率不是很高，对螺蛳的数量要求也没有宽体金线蛭的高，动物血块是它的主要食物来源之一，所以，在医蛭的养殖池中可以有条件把水质调节的好一些，给水蛭提供更为优越的条件，促进水蛭更好的生长。调节水质的方法主要有两点，一个是通过换水调节水质；另一个是改善水温条件。一般每隔5～7天换水1次，每次的换水量为池水的1/3，换水时要注意水温的变化，水温变化不能超过3℃，在利用井水作为水源时一定要注意。夏天天气较热，换水的时间间隔可以长一些，晚秋、早春以及冬季换水间隔时间长一些，可以 15～20 天换 1 次水。换水时，可以采取先抽出池水老水，再加入新水的办法，效果要好一些。采用池中放养花鲢、白鲢等调水鱼的办法，既可以增加水蛭吸食活体血液的机会，又可以调节水质，花白鲢还能起到水质好坏的指示作用，花白鲢对溶氧的要求较高，一般在池塘养殖中，池塘缺氧时，花白鲢是首先浮头的鱼类，池中花白鲢有轻微浮头，即太阳出来后，花白鲢停止浮头，这时的水质较好，不仅水中能够供给水蛭的饵料丰富，而且溶氧充足，完全能够满足水蛭对溶氧的要求；如果太阳出来后浮头还在继续，或者在太阳出来之前有的个体翻肚或沉入水底，表示水质变坏，要进行水质调节，加注新水；如果花白鲢从夜晚到凌晨没有浮头现象，说明水质太瘦，需要追肥。花白鲢的具体放养密度为，白鲢 100 尾/667m²，规格 250g/尾；花鲢 20 尾/667m²，规格 350g/尾。

夏天水蛭在 32℃ 时，食欲开始下降，40～45℃ 时就会引起死亡。所以夏天的降温是管理中的重要工作，可以通过搭建凉棚、换水、加入井水、投放漂浮性植物等方法进行降温，保证池水水温在 30℃ 以下。

十一、越冬管理

医蛭在水温 12℃ 时食欲减退，10℃ 时停止摄食，陆陆续续转入泥土中准备越冬，水温在 5℃ 以下，进入冬眠状态。在人工养殖条件下，越冬主要有两个目的：一是留足第 2 年用来繁殖的水蛭亲本；二是让当年繁殖的，没有达到上市规格的幼蛭安全越冬，为第 2 年的生产做好准备。亲蛭的顺利越冬，可以有效地提高繁殖能力，提高仔蛭的孵化率。幼蛭的安全越冬，为第 2 年的生产打下了良好的基础，这部分通过越冬的幼蛭，在第 2 年春季放养时，规格大，体质好，生长速度快，而且还可以参加第 2 年的繁殖，能够大大提高生产力。要想搞好水蛭的越冬，必须做好如下工作。

（1）在水温 15℃ 左右，要加强水蛭的营养，根据水蛭的特点，有针对性地加强喂养。可以加大投喂动物血液的密度，使医蛭获得更多的营养，积累脂肪，可以有效地提高水蛭越冬的成活率，一般 2～3 天进行 1 次动物血液的投喂。

（2）在越冬前，排干池水，把符合上市规格的个体捕捞上市，留足水蛭亲本和第2年春季放养的幼蛭，减少放养密度，最好分开越冬，在越冬前加强营养。

（3）挖松池塘四周土壤并捣碎，利于水蛭钻入土壤中，用于越冬的土层尽量靠近水面，保证土壤中的湿度。

（4）防止敌害生物进入越冬区，越冬的水蛭很容易被敌害生物攻击，即使没有被吃掉，在冬季暴露在空气中很容易造成冻伤。冬季主要防止老鼠、鸡、鸭、鸟类的攻击，根据不同的敌害动物采取不同的方式防备。禁止人在越冬的土壤上行走，避免有大的噪声。

（5）如果是露天越冬，可以在土壤上铺设一些稻草等保温材料，以起到一定的保温效果。在有冻土现象发生的地区，切莫在越冬的土壤上浇水，避免土壤结冰，冻伤水蛭。

（6）有条件的可以采取冬季搭建温棚的方式，进行反季节喂养。冬季大棚喂养方式可以参照鱼类冬季喂养方法进行。可以利用温泉水、工厂余热水越冬，也可利用太阳能加井水及棚顶加草甸的方式。

（7）越冬的成活率低下是水蛭养殖的一大技术难题。在自然状态下，成活率较高，而在高密度的池塘中越冬则成活率较低，可能与越冬的密度有关，所以，在越冬时，尽量降低越冬密度，以提高水蛭的越冬存活率。

⊙ 第三节　水泥池养殖

水泥池养殖由于一次性投资较大，所以养殖推广一直较慢。但水泥养殖池都是单一个体，养殖期间非常容易控制水蛭生长不利因素，养殖池中废弃螺壳在养殖期间能够及时清理，水蛭生长快、个体大、产量高，相对网箱和池塘养殖水蛭产量和收益都好。虽然目前养殖户多使用废弃鱼苗繁殖池、鲟鱼养殖池和小规模新建池进行探索性养殖，但随着各界参与养殖人员不断加入、探索，水泥池养殖宽体金线水蛭养殖技术正不断提高、完善和逐渐形成标准化养殖体系。目前水泥池养殖宽体金线水蛭已经有了突破性进展。养殖成功范例可以达到每平方米产水蛭1kg左右，效益非常可观。水泥池养殖正在逐步取代网箱养殖方式，逐步形成规模化养殖和工厂化养殖。在这节主要介绍宽体金线蛭的养殖，医蛭的养殖与其基本相似，不同的是放养量，但可以适当加大，在喂养时每隔 7 天最好投喂 1 次动物血液，投喂方法可以参考池塘养殖。

一、水泥池的修建

（一）地形

水泥池养殖宽体金线水蛭建设前首先考察选定区域地理条件和气候条件是否符合宽体金线水蛭养殖，掌握养殖区域野生宽体金线水蛭是否丰富或曾经丰富。野生资源丰富的地域人工养殖宽体金线水蛭相对容易一些。养殖区域气候条件以年平均气温高于 20℃ 的天数不低于 110 天，气温高于 35℃ 的天数不大于 30 天的地域养殖效果为佳。

选择建设水泥池区域应为地貌平整的土地，土地面积满足养殖需要就可以，不需要太大。养殖区域一定避开市区和交通繁忙的道路，距离地面震动和噪声较大设施的距离不低于 500m，以降低噪声和地面震动对水蛭生长的影响。水泥池要靠近水源，水源可以选择没有污染的江河水。土地可以选择租赁价格相对便宜、租赁时间较长地域。选定区域地面不会出现塌陷，适合建设地面永久建筑。

（二）水源水质

水源丰富，水质优良，有常年流动的河流、湖泊、水库，可以作为水源的优先选择。地下水丰富的地区，如果没有合适的水源，可以打井，井水必须经过检测以后方能使用，如果没有检测条件，可以采取试水的方式检验水质。具体的方法为取少量井水经充分曝气和增氧后，放入幼鱼若干养殖 3～4 天，在养殖过程中可以不投饵或少投饵，防止因投饵影响水质，造成水质检测的误判。如果正常则可以使用，如果发生了死鱼现象，则井水可能有问题，应该想办法进行水质化验。使用井水时，要考虑温差问题和溶氧问题，要进行充分地曝气和增氧。如果没有其他水源，池塘水也可以作为养殖用水。养殖用水的水质应该达到地表水 4 类水质标准以上，水中浮游生物丰富、pH 值在 5～8.5、溶解氧不低于 5mg/L。

（三） 交通与电力

养殖区交通便利和有适当运输工具能保证养殖物资、水蛭食物和人员生活物资运输及时、方便，雨天交通也不会受阻。养殖区域电力设施配套齐全、电力充足，不会出现停断电现象。养殖场也应配套人员值班，居住、生活设施齐备。

（四） 排灌、充氧

养殖区规划建设有配套给水系统，建有可以进行曝气充氧和自然水与井水混合配比的上开口水塔。给水管线利用水塔水位差或地势差通到每个养殖池。充氧管线与给水管线同时顺势安装进入到每个养殖池。排水要与进水分开，排水一般采用自排方式。水蛭养殖废水未经处理不可二次利用。

（五） 饲料供应

螺是养殖宽体金线水蛭主要食物，水蛭只进食新鲜活螺，养殖区域能否及时供应价格便宜、新鲜的螺蛳是确保养殖成功的先决条件。在不进行人工养殖螺蛳供应水蛭的情况下，要对养殖区域内螺蛳的自然资源进行调研和测算，调查养殖区域内每年螺蛳的自然产量，按每生产 0.5kg 鲜水蛭用 7.5kg 鲜螺的测算方法确定养殖规模。

（六） 水泥池建设要求

1. 规划设计

养殖宽体金线水蛭水泥池建设规划应以便于养殖管理、设计合理、造价低廉为原则。水泥池建设成（3～4）m×（20～30）m 的长方形，一般采用地面建设，便于废水自然排放，也可防止部分天敌侵入。水泥池养殖不需要再设计建造防天敌侵入和防逃功能围网。繁殖池设计应具有繁殖和养殖功能，最大限度提高水泥池利用率和收益。

繁殖区建设规模按每平方米卵台投放种水蛭 400 条，繁殖幼苗 400×2×30＝24000 条计算规划。繁殖池建设成中间凹沟深 15cm、宽 80cm，沟两侧各为 1m 宽繁殖台，繁殖台向内坡度差 10cm，池体高 80cm 的水泥池，上池口边向内嵌有 10cm 防逃边。出水口与进水口各在水泥池长边两头中间，出水口在水泥池最凹处，进水口与池底距离 60cm（图 4-8）。每 15 个养殖池配套一个周转池，用于养殖池清理螺壳消毒时周转。

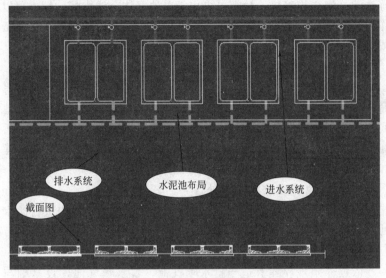

图 4-8　水泥池设计图

　　水泥养殖池设计建造具有幼苗抚育、青年苗养殖和饵料繁育功能，不需要再进行分类建造。

　　给水系统建有蓄水曝气池一座、深井一口、提水泵、配套管线。要求蓄水曝气池与水泥养殖池有一定高度差，利于养殖用水由蓄水曝气池自然流入。蓄水曝气池内设有充氧曝气盘管，水源为江河自然水和井水，两种水源根据需要可以在蓄水曝气池中进行混合和充氧。给水配套管线设计建设应满足用水量和方便用水。给氧系统管线与给水系统管线设计建设同向同时进行，每一个给水口同时有一个充氧口。

　　遮阳栖息环境建设在水泥池养殖中与给排水系统同等重要，都起到调节水质和保证适合水蛭生长水温的作用。水泥养殖池要求全部有遮阳棚，遮阳棚建设与水泥池建设同时进行。养殖期间在养殖池底高处适当安放一些红瓦片和在水面养殖适当水葫芦等水生漂浮植物，人工搭建保证水蛭正常生长的栖息环境。

水泥池养殖宽体金线水蛭在养殖过程中会产生大量饵料废弃物，即死螺与活螺混合在一起。养殖规划设计中应建有死螺与活螺拣选池、螺壳粉碎机，活螺可再用于养殖宽体金线水蛭，螺壳可以作为饲料添加剂出售。规模小的养殖户可以用饵料废弃物套养螃蟹或青鱼。

2. 地基基础建设

水泥池建设成本较高，建设中必须保证质量，养殖池的使用寿命才会长。水泥养殖池设计建设相对较长，基础必须达到标准，池底才不会出现裂缝和折断。正常施工为地面先用重型机械夯实，再在上面铺设 30cm 三合土，然后用重型机械压实，在此基础上建 20cm 钢筋混凝土作为基础进行施工建设。

3. 水泥池的建设和防水处理

水泥池建设要求为 24cm 厚砖墙全混凝土灰口，池内进行防水处理后混凝土抹平内壁外壁。

4. 给排水管线

依据养殖规模建有适当蓄水曝气池，蓄水曝气池建设基础与养殖池标准一致，内部进行防水处理。最下部留有 1 个排污口，距离池底 40cm 设有 1 个给水口，上部距池口 30cm 留有自然水入口和井水入口及充氧口各 1 个，上部距池口 20cm 留有溢流口 1 个。给水管线可以设计建成明渠方式和地下管线方式，两种方式都按水流方向建成由大到小模式。养殖池进水口距池底 60cm，采用在管口安装活弯头接管方式，通过旋转弯头调节管高度控制入水量。

排水渠建设依据地势设计建设成自然排出明水水渠，水渠建有 2～3 道闸口分别在出口、弯道和可能出现问题的部位。排水渠与养殖池排水口落差不低于 30cm。养殖池排水口采取内外控制排水方式保证水蛭不会出现随废水逃逸，排水口池内外口都采用在管口安装活弯头接管方式，通过旋转弯头调节管高度控制出水速度和流量，外口平时用一个与水位相同高或高于水位的管利用水位差控制水不会流出。内水口用可以防止养殖池中水蛭不会随水排出的网布防护。网布规格根据养殖水蛭的规格而定，新生幼苗为 55～60 目网，1 个月青年苗为 20～26 目网，3g 以上养殖池可以改用 14～16 目网。

5. 充氧管线建设

充氧管线随给水管线同时建设施工。充氧三叶罗茨风机，选购的功率要满足养殖池全部同时开启时的用量，采用 2～3 个即可。充氧管线应该到达每一个养殖池，每个养殖池配备一个阀门控制，保证每个养殖池的供氧开启方便。池中充氧可以采取微管方式，也可采用浮石增氧，只要能够保证池中溶氧充足即可。

6. 遮阴和成品晾晒设施

水泥池养殖遮阳设施非常关键，遮阳和降温是水蛭生长中的关键因素。遮阴棚建设与水泥养殖池建设同时进行。结构为镀锌铁管结构，立管直径 60cm、高 1.90m、间隔 4m，立管上每 20cm 间隔焊接一个小螺丝帽用于成品水蛭串晒。上棚用细铁管或钢筋焊接。遮阴棚既为养殖水蛭遮阴，又作为晾晒水蛭的晾晒场。

7. 水蛭水面栖息环境建设

水蛭喜欢在阴暗潮湿、溶解氧充足、安静的环境中生活。水面水草根系、叶下和水边物体暗凹处都是水蛭白天栖息地。养殖池中水面 1/3 养殖漂浮水生植物，利于水蛭歇息、生长，也可以添加少量凸凹不平泡沫砖增加水蛭水面栖息地。水底潜水区溶解氧充分的暗处也是水蛭喜欢的栖息环境，养殖池中在水深 20cm 处投放 1/4 面积的红瓦片来增加水蛭白天栖息地。

8. 螺壳分拣池建设和螺壳加工

螺壳分拣池建设是利用螺在溶解氧低时会沿着容器壁逃生到水面的特点建设的。分拣池建设要求窄长、水面浅、单个池多，利于螺逃生到池边。分拣池建设为水泥池，与养殖池建设在同一区，长度与养殖池相同，每 3m 间隔一池，池宽为 0.5m，池边高 0.5m，每个独立小池都设有独立给水口和排水口。分拣后的螺壳根据用户需要直接粉碎出售给饲料加工厂。

分拣方法为在分拣池中加入 3～4cm 厚的螺，放螺时池四周尽量不放，首先清理出螺的废弃物，然后加入水没过螺 2～3cm。活螺会慢慢爬向四边，每 2h 在池四周水边收集 1 次螺。12h 后，活螺基本收集干净，可放掉池水，收集螺壳。

二、养殖池养殖前准备

1. 水泥池使用前除碱

水泥池表面水泥灰碱性较大，pH 值达到 11 左右，可以造成水蛭的死亡。水泥池在使用前必须进行除碱处理，使 pH 值达到 8.5 左右才能使用。常见的除碱方法如下。

(1) 最简单方法——水浸法　将新建水泥池内注满水，浸泡 1～2 周，其间每 2 天换 1 次新水，使水泥池中的碱性下降，pH 值小于 8.5 即可。

(2) 最常见方法——过磷酸钙法　新建水泥池内注满水，按每立方米水中溶入 1kg 过磷酸钙，浸 1～2 天后清洗干净即可。

(3) 酸性磷酸钠法　新建水泥池内注满水，每 1000kg 水中溶入 20g 酸性磷酸钠，浸泡 2 天后洗净后即可使用。

(4) 醋酸法　用 10% 的醋酸（食醋也可以）洗刷水泥池表面，然后注满水浸泡 3～5 天。

不管采用上述哪种方法脱碱，都要再用水洗净。装满水 2 天后用 pH 试纸检测，低于 8.5 才能放苗。或采取生物检测方法，放几尾水蛭、小泥鳅试水，1 天后无不良反应，则可放苗。

2. 消毒处理

无论是新修的水池还是老水泥池，在使用前都要进行消毒处理，全池用 50mg/kg 的高锰酸钾溶液泼洒。投放池中的漂浮性植物，如水葫芦等，要先摘除残枝败叶，洗净后用 20mg/kg 的高锰酸钾溶液浸泡 15～20min 后用清水冲洗干净，放在通风的地方晾干枝叶上的水分后方可投入池中。

3. 搭建完成遮阳设施，检查给排水系统、充氧系统、防逃网完好

养殖前遮阳设施提前搭建完成，水面投放足量的水生植物。给排水管线、充氧管线进行实际给排水和充氧实验，充满水 2 天后排出，检验管线的能力和水质条件合格后开始养殖。排水口防逃网检查必须同时进行，而且养殖过程中每次排水前都必须检查完好。

三、幼苗标准化培育

一般来讲，水泥池培育水蛭幼苗比网箱养殖成活率要高，这是因为水泥池每个池子相对独立，形成了一个相对封闭的小生境，与一些影响水蛭生长的敌害生物起到了相对隔离的效果。另外，投饵方便，清理残饵也方便，养殖过程中产生的废弃螺壳可以根据情况进行随时清理，降低了养殖池中污染源，提高了水蛭捕获活螺的概率，保证了水蛭饵料供应。其次，水泥池的可控性也给水质调控、水温调控提供了方便，也能够保证池水的溶氧含量。所以，相对于无法清理废弃螺壳的网箱养殖模式水蛭生长快且大。

1. 水蛭幼苗放养密度和分池原则

（1）1 周内幼苗体重在 10～20mg/条，养殖密度控制在 5000 条/m²。

（2）养殖 7～15 天后，幼苗体重达到 50～200mg/条，要进行分池，降低养殖密度，放养密度控制在 2000～3000 条/m²。

（3）养殖 15～25 天后，幼苗体重达到 300～1000mg/条，再次分池降低密度养殖，放养密度控制在 800～1000 条/m²。

（4）水蛭幼苗体重达到 1g 以上时，可以进行成蛭养殖，放养密度按照成蛭放养密度放养。

（5）由幼苗转入青年苗养殖前必须进行 1 次螺壳彻底清理，用漂白粉杀菌消毒后再投放青年苗养殖。

2. 食物供给和水体调节

（1）幼苗投放前 1 周向养殖池中投入成年螺 400 个/m² 和浮游生物，如果有幼螺投放更好，幼螺的投放量为 1000 个/m²。幼蛭养殖开始每 2 日换水 1/2，以补充新鲜自然水，如果用井水，则自然水和井水同等比例混合后加入，同时补充足量浮游生物，轮虫密度不低于 10～20 个/ml；24h 增氧，溶解氧不低于 5mg/L；水温控制在 22～28℃为好。

（2）7～15 天幼苗养殖池中成年螺量为 400 个/m²，同时每 7 日每 10m² 补充新生幼螺 0.5kg。每 2 日换水 1/2，补充新鲜自然水，如果用井水，则自然水和井水同等比例混合后加入，同时补充足量浮游生物，轮虫密度不低于 10～20 个/ml；24h 增氧。溶解氧不低于 5mg/L，水温控制在 22～28℃。

（3）15～25 天幼苗养殖水泥池中成年螺量为 400 个/m²，同时每 4 日每 10m² 补充新生幼螺 0.5kg。每日换水 1/2，补充新鲜自然水，如果用井水，则自然水和井水同等比例混合后加入，同时补充足的浮游生物，轮虫密度 10～20 个/ml，24h 增氧。溶解氧不低于 5mg/L，水温控制在 22～28℃。逐步分出 1g 以上青年苗，青年苗的放养密度为 160 条/m²，按青年苗养殖方法进行养殖。

3. 幼蛭精养期管理

（1）每 2h 巡塘 1 次，控制水位在 35～40cm，水温在 22～28℃，24h 增氧，保证溶解氧不低于 5mg/L。

（2）进水口用 40 目网过滤掉幼杂鱼和水生生物幼体，出水口用 55～60 目网封口防止幼水蛭逃跑，每日检查滤网的完整性。每个水泥池上加盖防水鸟网，预防水鸟啄食和蜻蜓等在网箱中繁殖幼虫。投喂食物先剔除小龙虾、活体杂鱼和水生生物幼体后再投喂。

（3）放养密度严格按阶段标准进行控制，保证幼蛭有足够的生存空间和食物供给，提高成活率和生长速度。

（4）及时提供足量食物，按标准及时供给幼水蛭食物，每日检测 1 次浮游生物密度和幼螺量，不足及时补充。

（5）按要求每 2 日进行 1 次水体调节，最大限度利用浮游生物的前提下降低幼水蛭生活水体的污染程度。

（6）检查防晒设施完整性，保证幼蛭有良好的栖息环境。

（7）每月放干池水 1 次，进行 1 次螺壳彻底清理，清理前 5 日内不投放食物或降低食物投放量，减少养殖池活螺量，降低螺壳分拣劳动量。清理完后用漂白粉对全池杀菌消毒后再投放水蛭。

四、青年苗标准化养殖

（1）青年苗的放养密度为 160 条/m²。

（2）青年苗网箱中投放少量寸苗大小泥鳅，密度在 3～5 条/m²。目的为减少池底有害气体蓄积并利用泥鳅清理死螺的腐肉。

（3）每 4h 巡塘 1 次，控制水位在 35～40cm，水温在 24～30℃，保证溶解氧不低于 5mg/L。

（4）严防天敌侵害和逃逸。进水口用 40 目网过滤掉幼杂鱼和水生生物幼体，出水口用20～26目网衣封口阻止水蛭被排出，每日检查滤网的完整性。每个水泥池上加盖防水鸟网预防水鸟啄食和蜻蜓等在网箱中繁殖幼虫。剔除小龙虾、活体杂鱼和水生生物幼体后再投喂。

（5）及时提供足量食物，水蛭在不同体重和温度下进食量差异较大，正常每7天投放1次螺，每次每平方米投放0.5kg螺。水蛭平均体重达到4g以上每次每平方米投放0.75～1kg螺。巡塘时抽检养殖区螺的存活量，低于300个/m² 可以酌量进行增加。投放螺时尽量均匀，避免局部螺量过大造成缺氧后死亡。

（6）按要求每日进行1次水体调节，换水量为池水的1/3。每7日进行1次大的换水，换水量为池水的3/4。当气温高时，加大补水量调节水体温度，保证水蛭正常生长。

（7）了解水蛭生长情况和健康状况，掌握水体浮游生物密度和食物螺存活情况，检查泥鳅存活情况。

（8）及时清理网箱中多余的水生植物。

（9）检查防晒设施是否完好，保证水蛭有良好的栖息环境。

（10）每月排空养殖池水1次，进行螺壳彻底清理，清理前5日内不投放食物或减少投食量，降低活螺量，减少螺壳分拣劳动量。养殖池清理完用漂白粉全池杀菌消毒后再投放水蛭。

五、疾病预防

参考池塘养殖中的疾病防控方法。

六、越冬管理

参照池塘养殖中的越冬管理方法。

第四节　专用养殖桶工厂化养殖

专用桶养殖水蛭是一种新型的工厂化养殖水蛭的方式。采用小水体的专用桶作为养殖设备，可以人为地科学控制和干预。

专用桶养殖水蛭分为半封闭式工厂化养殖和全封闭恒温式工厂化养殖两种形式。全封闭恒温式工厂养殖水蛭是建立一个可以控制温度、湿度的工厂，在工厂内进行水蛭养殖的一种模式，养殖对气候条件要求不高，原则上在任何有建厂条件的地方都可以。半封闭式工厂化养殖是在水蛭生长气候条件最好的地域利用天然气候条件进行养殖的方式，相对全封闭模式减少了建设成本和养殖成本。

随着国家对制药企业原料监控力度的加大和强制执行制药企业原料供应基地 GAP 认证的措施全面开展，以水蛭为原料的企业必须在短期开展和通过水蛭 GAP 认证后才能生存。工厂化标准养殖水蛭养殖推广速度和规模都会加大。

根据目前水蛭养殖的现状，本节主要就专用桶半封闭式工厂化养殖进行介绍，封闭性养殖方式与半封闭式工厂化养殖基本相同，可以参照半封闭式工厂化养殖方式。

一、养殖工厂的建设

（一）地域、地形

工厂化桶养水蛭区域应地貌平整，大小合适；养殖区域没有污染源，远离交通繁忙的公路、铁路及机场码头；距离地面震动和噪声较大设施的距离不低于 500m，降低噪声和地面震动对水蛭生长的影响。养殖区应靠近水源，在土地选择上，租赁价格相对便宜、租赁时间较长的地域为首选。选定区域地面不会出现塌陷、适合建设地面永久建筑。

（二）水源水质

水源选择水量充足、水质清新、没有污染、季节性水位变化不大的江、河、湖泊、水库等大型水域，四季水量充足。地下水丰富的地区，也可以采用地下水作为水源。井水水质要求适合水蛭养殖。养殖用水应达到地表水 4 类以上水质标准和渔业水质标准。水中浮游生物要求丰富，pH 值在 5～8.5，溶解氧不低于 5mg/L。

（三）交通与电力

养殖区交通便利和有适当运输工具能保证养殖物资、水蛭食物和人员生活物资运输及时、方便，雨天交通也不会受阻。养殖区域电力设施配套齐全、电力充足，不会出现停断电现象。养殖场也应配套人员值班、居住、生活设施以保证养殖过程随时有人员观察和管理。

（四）排灌、充氧

养殖区规划建设有配套给水系统，建有可以进行曝气充氧和自然水与井水混合配比的上开口水塔。给水管线利用水塔水位差通到每个养殖池。充氧管线与给水管线同时顺势安装进入到每个养殖池。排水原则是避开水源二次污染，能够及时顺利排除废水，水蛭养殖废水未经处理不可二次利用。给水系统建成动力给水的，排水利用地势水位差自然排水为好。

（五）饲料供应

螺是养殖宽体金线水蛭的主要食物，水蛭只进食新鲜活螺，养殖区域能否及时供应价格经济的新鲜螺是确认养殖规模的先决条件。确认养殖前应对养殖区域内螺蛳自然资源进行调研，并按照按每生产 0.5kg 鲜水蛭用 7.5kg 鲜螺进行细致有效测算，根据食物供应情况确定是否适合建场或定产。

（六）专用桶标准化养殖工厂的建设要求

1. 规划设计

养殖区根据养殖量进行规划设计。养殖桶规格为直径 1.2m 的圆桶，桶高 1m，养殖时两两并排安放成为一列（图 4-9），每列两排养殖桶排水口同向安装。每列间留有 1.5m 操作通道，每个养殖桶建有单独给水和排水设施。养殖区建有可以防雨和遮阳的棚，棚

图 4-9　专用桶养殖实景照片

高 2m，棚瓦为微透光的深色塑料瓦。养殖区建有水泥地面和水泥敞口排水渠。

水源供应区配有供水曝气池一座，圆形或正方形，与养殖桶落差在1～1.5m，大小根据养殖用水量定，一般为3m×3m、高2m。养殖区配有水量丰富的深水井一口。

食物供应区建有浮游生物培养池、幼螺繁殖培养池、食物螺清洗拣选池和废弃螺分拣池。食物供应区建设成水泥池形式为好，浮游生物培养池建设位置紧挨着养殖区下游，为并排（3～4）m×（12～18）m、高0.8m池体。幼螺繁殖培养池紧接着浮游生物繁殖池建设，按照福寿螺繁殖方法建设。食物清洗拣选池与废弃螺分拣池在浮游生物培养池下游建设，食物清洗拣选池为规格5～10m^{2}的小池，废弃螺分拣池建成宽0.5m、高0.5m、长2～5m长池。

给排水管线要求每个养殖桶都有一个可以独立控制的给排水口。给水口在养殖桶桶口上部，排水口在养殖桶底部，排水控制靠桶外可调节高度水管控制，排水口桶内用防逃网做好防逃。每个养殖桶都配有一个充氧口，阴雨天溶解氧低时及时充氧。

成品水蛭晾晒场建设可以根据需要考虑建设为活动支架晾晒方式和固定框架晾晒方式。

养殖桶内投放不大于桶面积1/3浮水植物如水葫芦等，作为水蛭栖息的场所。水葫芦在使用之前要进行消毒，消毒方法可以参照水泥池养殖中的消毒方法。

2. 工厂的建设

建设前首先夯实地面，钢筋混凝土建设好浮游生物繁殖池基础。由于其余池体建设较小，使用时水体容积不大，不需要进行混凝土基础建设，直接进行池体建设就可以。水泥池要求建设24cm厚砖墙全混凝土灰口，池内进行防水处理后混凝土抹平内壁外壁。给水曝气池建设在井和自然水源附近，基础比用水点水位高出1m，在钢筋水泥基础上按其池体要求进行建设并进行防水处理。

按规划建设好所有池体后进行工厂棚体建设，棚体采用钢架结构较好，建设方便，节省空间。棚瓦选择深色材质厚的塑料瓦，安装牢固防止被风刮起。塑料瓦能起到遮阳防雨作用。

地面建成水泥地面，不需要太厚，可以放牢养殖桶和方便操作就可以。在地面建设前先按设计进行给水、给气和排水管线建设。给水和给气管线埋于地下，排水建设成明渠方式，便于观察水蛭是否随废弃水逃逸。

3. 给排水管线建设

给水曝气池需存水位上部建有自然水给水管口、井水给水管口和溢流口、充氧曝气管口各 1 个，底部建有排污口 1 个，在离底部 40cm 处建有主给水口 1 个。给水按设计通到每一个养殖桶口上部，在每个给水口安有独立开关。排水管线为明渠，建设时要找好坡度便于水自然流出。排水采取桶内部口防逃，桶外部口安装活动弯头以活动控制水位排水方式。内扣防逃网根据养殖水蛭个体大小选择，防逃网加装在弯头或管节上便于安装、清洗和维护。

4. 充氧管线建设

充氧管线与给水管线一样通到每一个养殖桶，在桶下部设口连接，防止水蛭顺充氧管线外逃。

5. 遮阴和成品晾晒设施建设

专用养殖桶养殖厂房建设时考虑了棚顶遮阳问题，不再需要另行建设。晾晒场和设备根据实际情况建设。

6. 水蛭水面栖息环境和防鸟网建设

专用桶养殖水蛭栖息环境的好坏直接影响水蛭生长，桶内不需要加入任何便于水蛭栖息的物体，只在水体表面投放低于水面 1/3 的漂浮水生植物就可以。每个养殖桶配有一个桶口大小网盖，防止水鸟偷食水蛭和阻止蜻蜓在桶中繁殖幼体。

二、养殖池养殖前的准备

养殖前实际进行 1 次给排水和给气实验，找出漏点和不合适地方进行修复。检查每个养殖桶防逃设施是否完好。桶体内外用漂白粉或二氧化氯进行消毒清洗后方可进行养殖。

三、专用桶水蛭标准化养殖

（一）水蛭幼苗期养殖

（1）新生幼苗的养殖密度按 560 条/m^2 投放养殖，每桶投放幼苗量是 620 条。桶养水蛭每平方养殖桶收获水蛭 260～300 条,幼苗期水蛭抵抗力较低,加上换螺和换水时损失幼蛭量以及养殖时正常死亡量,幼苗养殖到成品水蛭成活率基本在 50%。

(2) 幼苗期水蛭养殖螺按每平方米 300 个成年环棱螺投放,成螺繁殖幼螺供应幼蛭生长基本需求,缺失部分由幼螺繁殖池补给。7～15 天幼蛭苗养殖桶中每 7 日每平方米补充新生幼螺 0.05kg,15～25 天幼蛭苗养殖桶中每 4 日每平方米补充新生幼螺 0.05kg。

(3) 幼水蛭养殖期水位控制在 30cm。每日换水 3～4 次,每次换水 1/2,补充新水为合格自然水和井水同等比例混合水源,同时补充足量浮游生物,保证轮虫密度不低于 10 个/ml 和有同等数量小球藻等浮游植物,24h 补充溶解氧。溶解氧不低于 5mg/L,水温控制在 22～28℃。

(4) 严防天敌侵害和水蛭逃逸,进水口用 40 目网过滤掉幼杂鱼和水生生物幼体,防止敌害从进水口进入,出水口用 55～60 目网衣封口防止幼蛭逃逸,桶上口部建有 15cm 向内与桶壁成 90°防逃边。桶口安装活动防蜻蜓和水鸟网。

(5) 每 4h 巡塘 1 次,观察幼水蛭活动和栖息情况,检测水温和溶解氧情况和幼螺存活情况,发现问题及时调整。

(6) 每 7 日彻底排空养殖桶水体 1 次,放掉水体底部死水体和有害物质。

(7) 养殖 15 日和 25 日左右,各进行 1 次彻底清洗,排空养殖桶内水体,清理桶内死螺和活螺,加入新鲜螺蛳。保证桶内有足够的幼蛭生长需要的幼螺量,提高成活幼螺比例,以便于幼蛭捕食。清理时选择在早或晚气温低时,不可在炎热时间进行。

(8) 清理出废弃螺,进行活螺和螺壳中剩余幼蛭与螺壳分离拣选,把废弃螺全部倒入废弃螺拣选池,加水没过 2cm,2h 后幼蛭和活螺因为缺氧会爬到池体周围,进行收集即可,反复多次,直到没有螺和水蛭再爬出全部收集完为止。拣选出的活螺和幼水蛭清洗后投入单独养殖桶中,不可以再投入以前养殖桶,严防带入疾病,分离出螺壳粉碎后按饲料添加剂出售。

(二) 青年苗期水蛭养殖

(1) 青年苗期水蛭养殖水位控制在 35～40cm。每日换水 2 次,每次换水 1/2，补充新水为合格自然水和井水同等比例混合水源，同时补充足量浮游生物，保证轮虫密度不低于 10 个/ml 和有同等数量小球藻等浮游植物。溶解氧不低于 5mg/L，溶解氧低时及时补充溶解氧，水温控制在 22～28℃。

（2）青年苗期水蛭养殖螺按每平方米 800 个环棱螺投放，发现螺成活率低于 40％时及时进行彻底排水清理，并更换同等数量鲜活新螺。

（3）每个养殖桶内投放 4～5 条寸苗泥鳅鱼，用于活动底水释放有害气体和清理消耗腐螺。

（4）严防天敌侵害和水蛭逃逸，进水口用 40 目网过滤掉幼杂鱼和水生生物幼体，出水口用 20 目有节网衣封口防止幼水蛭逃跑，桶上口部建有 15cm 向内与桶壁成 90°防逃边。桶口安装活动防水鸟网。

（5）每 4h 巡塘 1 次，观察幼水蛭活动和栖息情况，检测水温和溶解氧情况和幼螺存活情况，发现问题及时调整。

（6）每 7 日彻底排空养殖桶内水体 1 次，清理死螺和螺壳，换新螺。保证桶内有足够的螺量满足水蛭生长需求，提高成活螺比例便于水蛭捕食。清理时选择在早或晚气温低时，不可在炎热时间进行。

（7）废弃螺壳分离拣选按幼苗养殖期方式进行。

四、成品水蛭的收获和加工

成品水蛭收获在 9 月初开始进行，每次彻底换水和换食时拣选出个体达到 20g 左右的水蛭进行加工晾晒，个体稍小水蛭继续养殖。晾晒的方式为连续 2 个晴天以上用不锈钢丝串晒后，用清水清洗吊干成成品，没有连续 2 个晴天最好暂时养殖。晾晒出成品水分低于 15％，可以常温保管，水分高于 18％，应低温冷库保管。

五、疾病预防和治疗

桶式养殖水蛭疾病防治着眼于预防为主、治疗为辅、防治结合的原则。主要措施如下。

（1）水蛭放养之前用高锰酸钾或二氧化氯浸泡 1 次，浸泡时要灵活掌握浸泡时间，水蛭反应平和，浸泡时间长一些，否则就短一些；水温高，时间短一些，水温低就长一些。浸泡要采用小容器，比如面盆、瓷碗等，浸泡结束后倒掉盆中药液，把浸泡后的水蛭直接倒入养殖桶中，不得再用工具或手捕捞，以免影响浸泡效果。药物的用量参考疾病防治或其他章节的介绍。

（2）对桶体和投放的水生植物消毒，预防病菌传播。

（3）选择清洁的水体，并对进入的水体进行过滤，防止敌害生物进入伤害水蛭，引发疾病的感染。

（4）给水曝气池和给水管线每月消毒 1 次，杜绝疾病的传播途径。

（5）加强对鸟、鼠等敌害的防治，避免造成伤害后的病菌感染。

（6）养殖桶每次彻底排水换螺后进行 1 次消毒处理，清洗后再使用。

（7）疾病的治疗参照水蛭疾病防治章节。

第五章

水蛭的其他养殖方式

➡ **第一节　地面网箱养殖**

　　地面网箱养殖宽体金线水蛭（图5-1）是目前国内推广最好、养殖规模最大的养殖模式。由于养殖技术简单、初次养殖投入较小、养殖产品畅销、养殖初期收益较好，每年国内养殖面积都在以20％的速度增长，养殖出的水蛭产量已经有一定的规模，占市场比重在逐年不断加大。本节仅以宽体金线水蛭养殖进行介绍。

图 5-1　网箱养殖图

一、养殖池的修建

（一）地形

　　地面网箱养殖宽体金线水蛭首先考虑养殖区域积温情况，平均气温高于20℃天气不低于110天比较适合养殖，气温高于35℃天气大于30天的地域养殖效果欠佳。

选择建设网箱区域应为地貌平整的开阔土地，土地面积要满足养殖和今后发展需要，避开市区和交通繁忙的道路，距离地面震动和噪声较大设施的距离不低于500m，减少噪声和地面震动对水蛭生长的影响。养殖区域靠近水源，排灌方便，水位有一定落差，排灌不需动力或只单方面一次动用动力，租赁价格相对便宜的稻田地作为首选。周边种、养殖户农药等污染不得影响养殖。

（二）水源水质

水源丰富、水质清新、水量稳定的常年流动的河流、湖泊、水库、沟渠等都可以作为养殖用水水源。如果地下水水源丰富，也可以作为养殖用水水源，但要符合水蛭养殖水蛭标准，最好进行水质化验，如果没有水质化验条件的，可以采用试水的方式对水质进行鉴定，取少量井水，充分曝气和增氧后，投放几尾小鱼喂养，在喂养期间不投或少投饵料，以免投饵影响水质，如果鱼苗没有反应，生活的较好，证明可以进行养殖，否则则不能用作养殖用水水源。养殖用水应没有污染，达到地表水4类水质标准以上，符合渔业水质标准的自然水，水中浮游生物丰富、pH值在5～8.5、溶解氧不低于5mg/L。

（三）交通与电力

养殖区交通便利，能够保证养殖物资、水蛭食物和人员生活物资运输及时、方便。养殖场电力设施配套齐全，6670m²（10亩）以上规模养殖配有动力电方可以保证养殖用水。养殖场也应配套人员值班、居住、生活设施，以保证养殖过程随时有人员观察和管理。

（四）排灌

养殖区根据水源地理位置建设配套排灌设施，原则为降低成本前提下保证养殖用水更换及时，不出现死水区，不出现淹没和冲毁网箱的现象。建有大容量给水和排水干渠，保证养殖用水更换及时和防涝。同时每个网箱铺设一个给水网线，换水时新水直接注入网箱中增加换水效果。排水口3～5m一个均匀分布，间歇使用，利于水体在养殖区内流动不出现死水区。排水口设计成内90°角活节链接式，放低内管可随时排水，排水口做好防逃处理。给水设计为动力提供有利于养殖进行。

（五）饲料供应

螺是养殖宽体金线水蛭主要食物，水蛭只进食新鲜活螺，养殖区域能否及时供应价格经济的新鲜螺是确认养殖规模的先决条件。确认养殖前应对养殖区域内鲜螺产量情况进行细致有效调研，按每生产 0.5kg 鲜水蛭用 10kg 鲜螺供应量进行计算，根据食物供应情况进行定产。

（六）池塘建设要求

1. 养殖池开挖

养殖池应根据租赁土地形状进行规划，应本着土地利用率高、便利养殖、建设成本低的原则建设。养殖场规划成三区分别为繁殖区、幼苗精养区、青年苗养殖区。幼苗精养区和青年苗养殖区规划建设成规范的长方形，小地块用于繁殖幼苗效果较好。建设时以不破坏农田便于复耕施工为好，每一区周围建成 0.5m 高、底部为 0.5m 宽拦水坝。

繁殖区建设规模按每平方米卵台投放种水蛭 400 条，繁殖幼苗 $400 \times 2 \times 30 = 24000$ 条规划。简易土池繁殖区建设为繁殖区周围建有围网，围网埋入地下 30cm，地面部分高 40cm 并有向内与围网成直角 20cm 长防逃边（与围网链接 15cm 使与围网成直角，前部另 5cm 自然下垂），围网网眼为不低于 8 目有节网衣。繁殖台建设成底宽 0.6m，高 0.4m 的梯形台，卵台间建有底宽 0.4m 的水沟，所有水沟两侧各建有一条通沟进行给水和排水。

水泥池繁殖区建设设计为繁殖水蛭、繁殖浮游生物和能养殖水蛭的模式。

幼苗精养殖区与青年苗养殖区按 1：3 进行规划建设。幼苗精养殖网箱规格为宽 3～4m、长 20～30m、高 1m、防逃边 20cm，网箱间隔 0.5m，用于管理人员进行维护管理。幼苗精养施工建设每 10 个网箱间隔成一区便于幼苗精养和疾病防控。

浮游生物繁殖区与幼苗养殖区按 1：5 进行规划建设。建有水泥池繁殖区的可以直接利用水泥繁殖池进行浮游生物繁殖。只建有简易土池繁殖区的另行建有与幼苗养殖区配套的浮游生物繁殖区。浮游生物繁殖区建设做好防范天敌侵入工作。

青年苗养殖区建设按每 20 个网箱为一区进行建设。青年苗养殖网箱规格与幼苗养殖网箱规格相同或稍长些，只是网箱制作材质和网眼密度不同。

2. 池底处理

养殖区池底基本处理成平面，每个单一养殖网箱底部处理成中部稍低与周边有缓坡，坡度差 20cm 能使死亡螺汇集在中部，便于死螺和活螺分开，利于水蛭捕捉活螺和清洁死螺。

3. 给排水管线安装、增氧管线安装

多年来养殖水蛭一直存在一个误区，认为水蛭对生活的水质要求不高、对水中溶解氧需求不大和进食食物量小间隔时间长，这正是水蛭养殖产业养殖效益一直不高的主要因素。水蛭养殖户也只有把养殖水蛭的水质、溶解氧和投喂食物量重视程度提高到像养殖鲟鱼一样，水蛭养殖才会有大的收益。所以，给排水管线尽量设计适中或偏大些，能做到 2h 内能补足 1/3 水量和排除同等水量为好。设计给水管线时必须考虑拦截水中水蛭天敌的设施和方案。早期地面网箱养殖水蛭模式多采取明渠在养殖网箱外补水，但网箱眼被堵住后水体交换效果非常差，采取网箱内直接补水可以取得非常好效果。施工前在给水区埋设给水主管线，主管线在每个网箱处建一出口并于 60cm 处安装一开关。主管线给水量设计为 2h 内能补足一青年苗养殖区 1/3 水量。

增氧管线与给水管线安装同时进行。水蛭养殖增氧方式应采取水底充气方式，水产养殖中常用的翻水式和喷水式增氧方式不适合水蛭养殖。水中增氧选用浮石增氧，每 2~3m 一个增氧点。也可选用微管增氧方式，可在养殖网箱底部铺设一排气管，气孔大小以充氧气孔水蛭无法钻入、充氧量大为好。

4. 网箱材料选择和制作

正确选择水蛭养殖网箱材质和网眼直接影响水蛭养殖产量和经济效益高低。网眼密度过小影响浮游生物交换，也会出现网眼堵死，影响水体交换；网眼过大会造成水蛭头部卡住死亡，也会出现幼蛭逃逸。网眼的选择原则以水蛭无法钻出而通透性最大为准。正常出生的幼苗，网眼选择 55~60 目经纬编织网衣为好，此规格网箱水蛭头无法钻出而网箱通透性好。体重 1g 以上青年苗养殖网网眼选择 18~20 目有节网衣为好。青年苗养殖网箱网眼与幼苗养殖

网箱网眼编织区别非常大，有节编织网网眼是锁死固定无法改变的，初期养殖户一定要注意。网衣材质的选择：使用寿命长不低于4年，抗氧化能力强，稍厚耐磨聚乙烯网布。

网箱的形状一般多为长方形，长度根据养殖区域地形而定，宽度控制在 3～4m 为宜。网箱大小统一，便于养殖管理，网箱高1m，下底四周缝有纲绳便于网箱固定，上口四周纲绳安装时再缝制，以免影响施工。上口留有向内的防逃檐，边长度为 20cm。网箱缝制过程中要特别注意缝口，避免出现漏缝现象，缝制线与网箱为同一材质为好。

5. 网箱和防逃边立柱的选择安装

网箱在水中靠立柱支撑（图 5-2），四角支撑立柱需要支撑起全部网箱的拉力，材质需要非常结实，安装要非常牢固，并在与主拉力方向成 160°角方向加一协拉保证立柱稳固。四角立柱多选择材质较好内外镀锌管，防逃边支撑立柱多选择直径在 10cm 左右去皮木桩或其他经济适用支撑物，但尽量不选择竹制支撑。上口纲绳一般选择 6～8 号钢丝（便于拉紧网箱）。

施工前排干架设网箱水域的水，首先安装网箱四角立柱，四角立柱拉紧用绳索加固，每隔 4m 安装一个防逃边支撑柱，每个防逃边立柱上装有一个向内与柱成直角的支架，用于固定纲绳和挑起防逃边。加装网箱上纲绳用拉线器拉紧。网箱安装前再彻底检查是否有破损现象，确认后把底部四角网连同纲绳挽一死节固定在四角立柱底部。上口留有 20cm 防逃边后用手提缝纫机把上纲缝合。

6. 水蛭日常栖息环境、遮阴设施及防鸟网准备

网箱建成后在网箱底部间隔平放红瓦片或沙袋（沙袋网眼要密，以免水蛭钻入），放置红瓦片和沙袋的目的主要是为了把网箱底部压实，同时也给水蛭提供自然的歇息环境，同时，沙袋还有吸附死亡螺蛳产生的有害物质的作用。水蛭日常生活喜欢在阴凉、潮湿的地方栖息，网箱区建设时一定要考虑每个网箱都建有遮阳网，起到遮阳和防水鸟作用。幼苗期网箱应建有防止蜻蜓、豆娘等在网箱中产卵孵化幼虫的设施，具体方法是在每个网箱上再加一道使蜻蜓等无法接触水面的拦截网。水面上投放一定量水葫芦等大叶漂浮水生植物，给水蛭提供更多的栖息场所，水生植物投放的投放面积

图 5-2　网箱的装配

不可超过水面 1/2 且尽量均匀分布。

二、养殖前准备

　　新建网箱注水前再确认一遍网箱完整性，梳理供水、供氧、供电、交通完善后开始给网箱区注水。水深控制在 35cm 左右。网箱在安装之前，先用 50mg/kg 的高锰酸钾溶液浸泡 30min，清洗干净后晾干。安装后 1 周才能投放水蛭，让水生固着藻类固着在网箱上，以免水蛭在网箱上擦伤，导致疾病的发生。

三、幼蛭的养殖

幼蛭成活率低一直是多年来养殖户无法跨越的障碍，也阻碍着水蛭养殖产业的扩大和发展。导致水蛭幼苗成活率低的因素有许多，主要为天敌侵害、幼水蛭食物不明确、食物供应不足、水温水深和水质调换不合理、溶解氧含量不够等因素。所以，在幼蛭养殖中要特别注意以上几个方面的因素，采取相应的措施，尽量满足幼蛭的生存条件，就可以把幼蛭的成活率提高到一个新的水平。

1. 幼蛭放养密度和养殖方法

（1）1周内幼蛭体重在 $10\sim20$mg/条，放养密度控制在 5000 条/m^2。

（2）$7\sim15$ 天幼蛭体重在 $50\sim200$mg/条，放养密度控制在 $2000\sim3000$ 条/m^2。

（3）$15\sim25$ 天幼蛭在体重在 $300\sim1000$mg/条，放养密度控制在 $800\sim1000$ 条/m^2。

（4）幼蛭重达到 1g/条以上时开始按青年苗养殖标准分箱养殖。

2. 喂养和水体调节要求

（1）幼蛭投放前 1 周内向网箱中投入成年螺 400 个/m^2 和浮游生物。

（2）幼蛭养殖期间，每 2 日换水 1/2，补充新鲜水源的同时补充足量浮游生物，轮虫密度不低于 10 个/ml，24h增氧。溶解氧不得低于 5mg/L，水温尽量控制在 $22\sim28$℃。

（3）$7\sim15$ 天幼蛭养殖网箱中，成年螺量应保持 400 个/m^2，同时每 $10m^2$ 补充新生幼螺 0.5kg。每 2 日换水 1/2，补充新鲜水源，同时补充足量的浮游生物，轮虫密度不得低于 10 个/ml，24h增氧。溶解氧不得低于 5mg/L，水温控制在 $22\sim28$℃为好。

（4）$15\sim25$ 天幼蛭养殖网箱中，成年螺量应保持 400 个/m^2，同时每 4 日每 $10m^2$ 补充新生幼螺 0.5kg。每 2 日换水 1/2，补充新鲜水源，同时补充足量的浮游生物，轮虫密度不得低于 10 个/ml，24h增氧。溶解氧不得低于 5mg/L，水温控制在 $22\sim28$℃为好。

在养殖过程中逐步分出 1g 以上青年蛭到养殖青年蛭的网箱中养殖，放养密度为 160 条/m²，养殖方法按照青年蛭养殖方法养殖。

3. 幼蛭饲养管理

(1) 每 2h 巡塘 1 次，控制水位在 35cm 左右，水温最后控制在 22～28℃，24h 增氧，溶解氧不得低于 5mg/L。

(2) 严防天敌。每个网箱进水用 40 目网过滤掉幼杂鱼和水生生物幼体，每日检查滤网是否有破损。每个网箱上加盖防水鸟网，防止水鸟啄食和蜻蜓等在网箱中繁殖幼虫。投喂食物先剔除小龙虾、活体杂鱼和水生生物幼体后再投喂。

(3) 放养密度严格按照各个阶段的放养标准放养，保证幼蛭有足够的生存空间和食物供给，有利于提高成活率和生长速度。

(4) 及时提供足量食物，按标准及时供给幼水蛭食物，每日检测 1 次浮游生物密度和幼螺量，不足及时补充。

(5) 按要求每 2 日进行 1 次水体调节，最大限度利用浮游生物的前提下降低幼水蛭生活水体的污染程度。

(6) 检查网箱通透情况，发现网箱有堵塞情况及时用压力水枪进行清洁，保证网箱的通透性。

(7) 检查防晒设施的完整性，使幼水蛭水面栖息环境足够。

四、青年蛭放养密度及养殖方法

(1) 青年蛭的放养密度为 160 条/m²。

(2) 在青年蛭网箱中投放少量寸苗大小泥鳅，密度为 3～5 尾/m²。利用泥鳅的活动使水体中的有害气体尽快散发到空气中，减少网底有害气体蓄积，同时利用泥鳅消耗螺肉降低污染。

(3) 每 4h 巡塘 1 次，控制水位在 35cm，水温最好控制在24～30℃，溶解氧不得低于 5mg/L。

(4) 严防天敌侵害。每个网箱进水用 40 目网过滤掉幼杂鱼和水生生物幼体，每日检查滤网的完整性。每个网箱上加盖防水鸟网，防止水鸟啄食和蜻蜓等在网箱中繁殖幼虫。

(5) 剔除小龙虾、活体杂鱼和水生生物幼体后再投喂。

(6) 及时提供足量食物，水蛭在不同体重和温度下进食量差异较大，正常每 7 天投放 1 次螺，每次每平方米投放 0.5kg 螺。水蛭平均体重达到 4g 以上每次每平方米投放 0.75～1kg。巡塘时抽检养殖区螺的存活量，低于 300 个/m^2 可以酌量进行增加。

（7）按要求每日进行 1 次水体调节，每日网箱内水体更换1/3。每 7 日进行 1 次大换水，换水量为网箱水量的 3/4。气温高时加大补水量调节水体温度，保证水蛭正常生长。

（8）检查网箱通透情况，发现网箱有堵塞情况及时用压力水枪进行清洁，保证网箱的通透性。

（9）检查防晒设施的完整性，给水蛭提供良好的栖息环境。

五、注意事项

（1）此种养殖方式目前养殖产量低的原因主要为网箱内水体交换差，没有及时清洗网箱，致使网箱堵塞，另外水太深、溶解氧低、投喂食物量不足、螺壳清理不及时造成活螺比例小等。应该改变原有的网箱养殖进水模式，改网箱外进水为网箱内进水，这样不仅直接更换了网箱内的水体，而且通过换水，可以直接观察到网箱的堵塞情况，如果网箱加水后，水被堵在网箱内迟迟不能从网衣中滤出，证明网箱堵塞严重，应该用高压水枪清洗。另外，水位一定要保持在 35～40cm 以内，并投放一定的漂浮性水生植物，给水蛭提供更多的、良好的栖息条件。注意溶氧量，有条件的可以采取增氧方式增氧，一般采取浮石增氧或水底微管增氧，不得使用大功率的增氧机。及时清理死螺与空螺，投放新鲜活螺。

（2）水深死螺产生的有害气体易蓄积，解决办法：控制水位和适当投放泥鳅。

（3）网箱容易被青苔和水中混浊物堵死，水体无法交换，应及时清洗。

（4）阴雨天防止小龙虾爬入网箱；进水、投食时防止野杂鱼及卵进入，鲫鱼对幼蛭的危害较大，可以直接摄入。蜻蜓等喜在幼蛭培育池产卵，蜻蜓幼虫和水蜈蚣对幼蛭的危害很大。

（5）安装充氧设备，虽然水蛭能够离水生活很长时间，但不能完全证明水蛭能够在低氧状态下正常生活，事实上，水蛭在水质优良、溶氧高的水域生长良好，生长速度加快。

（6）养殖 3 年后的水域不宜再继续进行水蛭网箱养殖，应该改养其他水生动物，如果继续养殖，水蛭成活率会明显下降，产量会越来越低。

六、疾病预防

疾病防治可以参考本书的疾病防治章节。

➲ 第二节　深水网箱养殖

深水网箱养殖水蛭模式适合水深 3m 以上、水流比较平缓的水库和湖泊。浮动式架设主要针对水位变化较大的水域养殖水蛭，箱体可以随水位变化而自由升降。箱体随支架固定在水中，支架多为毛竹，也有用木头和角铁的，现在多以镀锌管焊接成若干个网箱格挡连接在一起，用油桶或泡沫柱作为浮体。

一、网衣选择

网箱材质根据养殖水蛭苗的规格不同选择，新生幼苗养殖采用 55～60 目锦纶网衣制作网箱，1g 以上青年苗养殖采用 18～20 目有节涤纶长丝网衣制作网箱。

二、网箱规格、制作

4m×2m×1m 长方体箱体结构，下底封死，上口四边留有 15～20cm 向内防逃边。上下四边内放有纲绳，用缝纫机整体固定，四角留有 40cm 绳头方便固定，使用前四角绳索连同网角打成死节。防逃边内边也同样用缝纫机固定纲绳，便于把防逃边拉成与网箱边成 90°角，防逃边四角折成 90°角用缝纫机固定。

三、网箱吊装架制作和吊装

（1）**材质和结构**　网箱吊装架材质选择内外镀锡防锈 6 分铁管为好，焊接成 4.2m×2.2m 框架。两端头焊接成双排支柱，便于固定漂浮物。长边管头留有可以把框架链接成排的接头，链接长度依据风浪和便于固定为准，但一定保证连接牢固。

（2）**漂浮高度及漂浮物**　漂浮物可以是泡沫柱或封闭的空桶，

以经济、结实、便于固定为准则。漂浮物大小要求为可以使框架在养殖过程中高于水面 30cm。漂浮物一般选用直径 45～50cm 的油桶。

（3）**框架、漂浮物、网箱的组装**　在陆地固定好漂浮物。为保证网箱不会出现侧翻现象，选择小的漂浮物固定在框架四角为好。大的漂浮物可以固定在框架中间，漂浮物一定与框架连为一体。网箱在陆地吊装，网箱上口四边拉紧固定在框架边。防逃边拉紧与框架平行，也固定在框架上，防逃边与网边成 90°角。底边四角拴有重物（砖块等）保证网箱下沉和防止大风浪吹起网箱。单体框架下水后在水中进行整体连接。

（4）**框架水中固定**　框架固定可以使用铁锚。可移动重物固定效果不佳（如水泥预件或沙袋等）。两排框架间距一般为 3～4m，能够保证操作船自由行走，便于投食维护。

四、应注意的问题

1. 架设的牢固性

网箱养殖是把设备固定在水域中的一种养殖方式，水体的一切变化都会对养殖设备有一定的影响，除了水体的化学变化以外，一切的物理变化都会对养殖设备产生影响，进而影响养殖效果。网箱养殖是把网箱这个养殖设备固定在水体中，水体的水流、水位变化、风浪等都对网箱有一定的影响，如果网箱固定的不牢实，就会出现网箱的颠覆、倾斜、漂移、流失、卷箱等，轻者影响水蛭的生长，严重的会逃苗，更为严重的会发生整箱丢失或整箱水蛭全部逃逸。这些现象在大水面网箱养殖中时有发生，在池塘网箱养殖中发生的较少，但因为插网箱的竹竿太细，因风折断逃苗的现象时有发生，或者因为网箱绳脱落和绳断而逃苗的现象也经常发生。所以，在大水面进行网箱养殖水蛭时一定要架好网箱并固定好网箱。在池塘网箱养殖水蛭时要注意网箱插杆的粗度和使用年限，最好 1～2 年换 1 次；系好网箱绳索，防止网箱脱落引起水蛭逃逸。

2. 注意水位变化

网箱的架设因为水域的不同而采用不同的架设方式，在大水面养殖中，虽然采用的是浮式固定，但在暴雨或山洪爆发时也会因为水位的迅速上涨，轻者造成网箱水面上部分高度不够引起水蛭的逃逸，严重的会引起漫箱造成水蛭逃逸，甚至出现沉箱现象造成更大的损失。相反，也会因为干旱水位下降引起网箱离水造成损失，特别是在水库中养殖水蛭的地方，由于水库的管理权不在水产部门，而是在水利部门，如果水库突然要放水或者说大幅度泄水，养殖户没有得到相应的信息，没有采取相应的措施，导致网箱因水位下降而露出库床，造成水蛭逃逸。池塘网箱养殖的水位变化主要发生在大暴雨期间，池塘水位上升虽然较快，但还是有时间调整网箱高度或降低池塘水位而保证网箱养殖的有效水位，但出现内涝时要注意调整网箱高度。网箱的架设要根据不同的水域情况选择不同的架设方式，防止因为架设方式的选择错误而在水位发生变化时出现漫箱逃苗的现象，造成不必要的损失，因为在水库、河流等水位变化性较大的水域水位的变化时间很短，一旦发生可能来不及抢救，特别是在春夏两季，暴雨较多，更易发生。一般来讲降水的速度较慢，发生网箱离水的可能性不大。

3. 网箱密度

在大水面进行网箱养殖时，有时网箱养殖的密度也会造成养殖灾难。如在河流中或水库中，选择架设网箱的地方不对，在水流的线上，加上网箱的布置密度过大，阻碍了水流，在水流过大或漂浮物过多时就会出现漫箱或者因为阻力过大使网箱解体造成损失。在池塘中网箱养殖水蛭对网箱的密度是有要求的，不能片面地在有限的池塘面积中过多设置网箱，这样不仅不能增加收入，反而会影响整个网箱的养殖效果。网箱的面积不能超过池塘总面积的 50%。网箱的排与排之间要保证留有足够的空间利于水体交换和行船进行管理维护，保证网箱内优质的养殖环境。

4. 水质

养殖水域的选择，首先就要考虑水域水质情况，禁止在有工业污染、城市生活废水排放的下游养殖水蛭。如果发现有污染要及时更换网箱架设位置，在更换位置时要注意操作，防止因为操作不当引起水蛭逃逸或对水蛭身体损伤引起疾病。另外，更换位置时要注意温差的变化，谨防因为温差过大引起水蛭疾病的发生。池塘养殖除了注意避免引用有污染的水源进行水蛭养殖外，还要特别注意池塘周围农田农药的使用情况和使用规律，在农药使用高峰期，尽量少换水或不换水，在大雨过后也不要换水，因为此时农田土壤中的农药经雨水冲刷会进入水源。除此以外，在血吸虫疫区要注意灭螺动态，禁止在灭螺时加水或换水。另外，在水源的选择上，尽量选择没有任何污染或者建立自己的水质自净循环使用系统，保证养殖水质的优良性，保证了水质的优良性，就保证了水蛭这个商品的品质，同时也提高了水蛭的附加值。

5. 水草的选择

水蛭养殖中对水草的选择要求不是太严密，水蛭的有机污染不大，相反，由于水蛭可以觅食浮游生物，要求水质有一定的肥度，对于网箱以外的水域，最好不要有水生植物，因为水生植物吸收大量的有机物后，影响了浮游生物的生长，也就影响了水蛭的生长。网箱内只放入水面30％的漂浮性植物供水蛭栖息即可。

五、苗种投放时间、投放密度

新生幼苗在自然孵化出 1～5 日投放（江苏、浙江、湖北在 5 月中旬，山东在 5 月底），投放密度在 300 条/m²，网箱采用 55～60 目锦纶网箱。由于是大水体养殖，水体中浮游生物充足，只要补充够成螺，保证水蛭幼苗幼螺量就可以满足幼水蛭健康成长，不需要幼苗集中精养过程。

青年苗投放时间在幼苗达到 1g/条以上（江苏、浙江、湖北在 6 月中旬，山东在 7 月初），投放密度在 150 条/m²，网箱使用18～20 目涤纶长丝有节网箱。外购青年苗确保捕捞后存放时间短，捕捞地域确定，水蛭苗个体均匀、健壮、没有外伤，苗纯度高（尖细金线水蛭和光润金线水蛭俗称绿条、黑条，生长缓慢必须剔除）。

六、食物投放标准

新鲜活螺清洗后仔细去除甲壳类动物（螃蟹、小龙虾等）和其他生物异物（肉食、杂食类鱼）。杜绝食物中带入水蛭天敌。清洗干净和剔除异物的螺直接均匀投入网箱中。不能集中投入在一起，容易使网箱底部形成凹点造成螺缺氧死亡。

新生水蛭幼苗养殖用网箱和鲜活食物螺在水蛭苗投放前 1 周投

放，螺 80% 以上为健壮有繁殖能力的大螺，保证网箱中有足够新产幼螺满足幼水蛭食物需求。环棱螺、中华圆田螺为卵胎生，在繁殖季节（4~10月）营养充足的情况下可以一直间歇性生产幼螺；福寿螺为卵生，繁殖季节可每月产 2~3 卵。网箱中投放适量螺可以食用的水生植物或少量豆饼块用于保障螺繁殖所需营养。青年二期苗食物螺可以与水蛭苗同时投入网箱，螺的规格以中等大小螺为好。

幼水蛭阶段投入量为水蛭数量的 5 倍（3.5kg 左右）方可以保证幼水蛭在初期 1 月内的生长需要。青年苗后每次投入量在水蛭数量的 8 倍（3.5~4kg）。

投放频次根据水蛭生长和螺存活情况灵活掌握。原则为螺存活低于 40% 就进行更换。幼苗养殖阶段 20~30 天更换 1 次；1~3g 青年苗 15 天左右更换 1 次；3~10g 青年苗 10 天左右更换 1 次；10g 以上后每 7 天更换 1 次。每次更换必须清除网箱中全部螺，重新添加新螺并把水蛭拣选回网箱中。

幼苗阶段和 1~3g 青年苗阶段换螺比较繁琐，螺壳中存有大量水蛭，拣选水蛭后螺壳收集到容器中，水刚淹没过螺，幼水蛭在缺氧条件下 2h 后就爬出水面，收集时幼水蛭连同上层活螺同时收集回网箱。青年苗更换螺比较容易，把换出的螺壳与水蛭混合体倒入网眼不大于 10 目箩筐中（箩筐可以装 2 倍混合体），在水中进行漂洗，水蛭全部在水面上的螺中，把水蛭集中到一侧提出水面直接就可以分开。换螺时尽量避免在高温下进行，拣选出水蛭尽快投入到水中，水蛭在无水状态下分泌黏液后就降低了生长速度。

螺壳量大可以粉碎后加工成钙粉用于饲料加工。也可以用剩余螺养殖青鱼或螃蟹等，套养后经济效益更高。

七、防鸟网和水蛭栖息环境的建立

每个网箱在投入水蛭苗后都加入网箱面积 1/3 的水生漂浮植物，便于水蛭栖息和遮阳。同时加盖防鸟网，可以防止水鸟偷食水蛭和防止蜻蜓繁殖幼虫。

八、日常养殖管理

（1）每日 2 次巡塘了解水温、pH 值、水位、水流、透明度

（浮游生物情况），了解水蛭生长情况和健康状况。

（2）每周检查，防止网箱连接绳松动脱落、网箱破损，发现问题及时解决，防止水蛭逃跑。

（3）检查防鸟网的完整性，水生漂浮植物不能高于防逃边、数量要低于水面3/4。

（4）掌握网箱中水蛭进食情况和螺存活情况，做到螺存活低于40％就进行彻底更换。

（5）每5～7日网箱提出水面清洗1次，网箱提出水面可彻底换掉网箱中已经被污染的水。可以用有一定压力的水枪进行清洁，要彻底冲洗全部网箱尤其底部。

（6）9月初水蛭50％达到20g/条以上后进行大水蛭间苗收获，降低养殖密度，减少水蛭发病率，提高产量。

（7）10月水温降低，水蛭进行越冬前准备，进食量加大，食物短缺后水蛭会进食腐烂螺肉，造成肠道疾病死亡。阶段性进行少投食、勤投食。

第三节　围栏养殖

围栏养殖（图5-3）是利用稻田和沼泽及浅水水域进行养殖的一种形式，用网片围成一定的养殖面积进行水蛭粗放式养殖。这种形式环境复杂，养殖方法简单，生产效益较低，主要从养殖规模上获得效益。它与其他养殖方式不同，围栏养殖的养殖面积大，它的养殖环境近乎自然、半人工、半野生状态。此方式养殖规模大，投资少，但养殖过于粗放，无法进行规范养殖，产量低，回报率低。有闲置沼泽和浅水水域的有心朋友可以进行尝试。具体要求如下。

（1）**水源选择**　以养殖范围内的原水源作为养殖水源，保证水源不枯竭和淹没。

（2）**围网的设置**　用聚乙烯材料把养殖范围内的水域围起，聚乙烯网片下埋30～40cm，网片用毛竹或木桩固定，网片高出地面70～80cm，网片的接头要缜密无缝，这样形成一个围墙，在上沿做一个宽15～20cm向内与围墙成90°角的防逃边。围网的网目为40目。

（3）**土层改造**　在干枯或水浅时，水蛭放养之前，用耕牛耕翻

图 5-3 围栏养殖图

1 次，并进行消毒，然后移植水草或让原水中植被自然恢复。水深保持 20～40cm。

（4）**水草的种植及布置**　如果没有水生植被，可在围网内移植水葫芦或水花生，移植的面积占围栏面积的 20%～30%，最好用竹竿围成一行行，便于水体交换。靠近围网 1～2m 不能移植水生植物。水生植物的移植也可布置为水生植物排，相互之间按一定距离排列。也可在围网内设置若干个用秸秆做成的草垛，每个草垛大小为 50cm×2m×40cm，也可以在围网内设置多个土堆。

（5）**产卵场的设置**　应该在围网四周借助埋设围网网片时的泥土，在靠近围网内侧使泥土高出水面 20～30cm，并形成一定的坡度，水蛭达到性成熟交配后就可以在土中产卵，同时在水面中间设立多个土质小岛供产卵孵化和栖息。水蛭的孵化可以人工孵化，也可以自然孵化，人工孵化就是在产卵季节，收集卵茧后孵化。自然孵化可以让其在产床上自然孵化，孵化出的仔蛭自动进入水体。

（6）**水蛭的投放密度、规格、时间**　围网养水蛭密度宜小。种水蛭投喂规格为 10～20g/条，放养数量为 2 条/m²。

（7）**投饵**　同网箱养殖。

（8）**日常管理**　同网箱养殖。

（9）**技术要点**　首先杀死野杂鱼，投放养殖草食类和滤食类鱼。

① 由于是一种半生态的养殖方式，要特别注意饵料的缺乏，

要注意观察水蛭的吃食情况，及时补充饵料。

② 此方式为一种半生态、半人工、半野生的养殖方式，敌害的危害比较大，除了老鼠、水蛇、青蛙以外，还有天上的鸟，要注意防范，减少损失。

③ 围栏养殖与其他养殖有所不同，是一种粗放式养殖，放养密度不能太大，放养密度太大，不仅不能加快水蛭的生长，而且因为缺食会造成相互残杀。

④ 由于面积大，围网中间巡查有一定的困难，在中间行走过多又怕对水蛭有所影响，建议在围网中间筑几条低埂，既可以便于巡查，又可以作为水蛭的繁殖场，还可以投喂食物。如果建低埂有困难，也可以挖几条稍深一点的沟，巡查时人在沟中行走。

⑤ 由于处于半野生状态，水蛭摄食习惯也比较适应水蛭原始生活习性，所以生物活饵料的投喂要加强，围网中的饵料生物的培育也是很重要的。

⑥ 由于面积大，难免有的地方有纰漏，会造成水蛭逃逸，在平时的检查中要特别仔细，不能马虎。

⑦ 此种养殖模式捕获水蛭比较困难，捕捞要提前，在 8 月下旬即开始捕捞。

➡ 第四节　稻田养殖

稻田养殖也是一种拟生态养殖模式，养殖产量也较低，也是从规模上求效益，也可以作为一种种养模式，水蛭养殖作为一种辅助收入，在不影响水稻产量的条件下，从水蛭养殖中获得一些收益。

一、稻田的要求

一般的稻田都可以用于稻田养殖水蛭，只要水源无污染、不干涸，不因低洼积水漫池，排灌方便，水深能够保证 10cm 的稻田均可。冷浸田和盐碱田不太适合养殖。冷浸田的水温是影响水蛭生长的主要因素，一是长期受山体、树林的遮蔽，光照时间短，水温和地温低于正常田块；二是有效养分缺乏，土壤肥力差；三是土壤物理性状差，土体腐烂，淤泥较深，水深气少，气体交换微弱；四是土壤富含毒物和活性还原物质。这些因素不利于稻谷生长,同样也不利于水蛭的养殖。

稻田水蛭养殖最好选择面积为 $667\sim3335m^2$（1～5 亩）的稻田,面积较大可以分成一个小块,如果采用生态养殖,面积以 $6670m^2$（10 亩）以下为宜。

水蛭稻田养殖有两种模式:一种是垄稻沟蛭（俗称垄稻沟鱼）模式;另一种是蛭沟蛭溜（俗称鱼沟鱼溜）模式。垄稻沟蛭模式即垄上种稻,沟中养水蛭。挖沟宽 30cm、深 30cm,垄面 77cm,一沟一垄宽 121cm,这样一沟一垄交叉布置（图 5-4）。蛭沟蛭溜模式

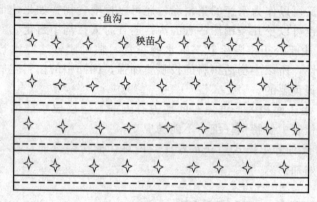

图 5-4　稻田养殖水蛭稻田改造模式（一）

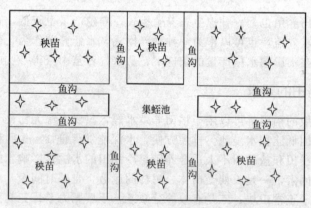

图 5-5　稻田养殖水蛭稻田改造模式（二）

就是在养殖水蛭的稻田中间要挖一个 4m² 左右、深 0.5m 的集蛭池，再挖纵横各两条宽 30cm、深 30cm 的井字形蛭溜，每条蛭溜都与集蛭池相同（图 5-5）。或者采用环沟的形式，即离田埂 1～1.5m 沿边开挖 50m 宽、0.3m 深的环形沟，在一角开挖一个集蛭池（图 5-6）。集蛭池与蛭溜在插秧前开挖。面积大一些的稻田如果要进行水蛭养殖，可以按照以上方式进行改造，把稻田中用低坝分隔，形成几块相对独立的养殖区域，虽然各个区域用低坝分隔，但水蛭还是可以在各个分隔间自由活动（图 5-7）。

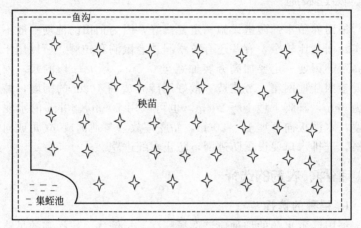

图 5-6　稻田养殖水蛭稻田改造模式（三）

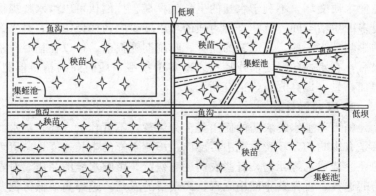

图 5-7　稻田养殖水蛭大面积稻田改造模式

由于稻田养殖水蛭一般采用粗放式养殖，人工饲料投喂的较少，水蛭主要是自由觅食，所以水蛭会主动在饵料生物较多的地方栖息，形成局部密度过大，针对这种情况，可以多挖一些蛭溜蛭沟。当一个地方的饵料生物较少时它也会主动迁徙到另外一个地方。这样可以减少相互之间的干扰。因为水蛭在自然条件下都有一个相对固定的活动区域，相互干扰较少，如果密度过大势必造成争斗。

二、防逃设施

稻田养殖水蛭防逃设施一定要搞好，因为稻田的池埂一般不太结实，而且比较窄，有些还有黄鳝洞、老鼠洞和蛇洞，所以用于稻田养殖的田埂一定要加高夯实加宽至 0.5m，堵死一切洞穴。围网建设参照陆地网箱一节建造。最好用砖砌成高 40cm 的围墙，墙顶出檐 5cm，基脚下埋 10～20cm。也可以用 70cm×40cm 的水泥板护埂，水泥板向下埋 10～20cm，站立埋放，与地面成 90°角或向内倾斜。进排水口要设置防逃网，防止水蛭逃跑。

三、稻种、农药的选择

1. 稻种的选择

稻田养殖水蛭的稻种应该选择秆高、抗倒伏、抗病害的早熟品种，如果易倒伏，减少了水蛭的活动空间，而且稻谷倒伏后容易腐烂使水质变坏，不利于水蛭的生长。秆高、抗倒伏可以给水蛭提供更多的生活空间，抗病害能力强的可以减少农药的使用量，对水蛭的影响就少一些。早成熟的品种，收割期就提前，可以在稻谷收割之后，在水蛭冬眠之前或捕捞之前集中投喂一段时间的精料催肥，增加产量，提高收益，也有利于越冬。

2. 农药的使用

稻田养殖水蛭农药的使用要十分注意，不管什么农药，对水蛭都是有影响的，轻者出现中毒反应，影响水蛭的生长速度，中毒重的还会造成水蛭死亡，有些农药还有残留，影响水蛭的品质。对农药的选择，首先禁止使用剧毒、高残留的农药，选择高效低毒低残留的农药。在使用方法上应该按照操作程序进行，不能随意喷洒。

水蛭对有害物质的抵抗力较低，所以农药的选择上一定要谨慎。在施药时，首先排放稻田水，露出田泥即可，让水蛭进入蛭沟、蛭溜。采取的方法有两种：一种是分片施药，一天喷洒一半的稻田，分 2 次喷洒；另一种是一次性整块稻田全部喷洒。两种方法在喷洒完后要立即添加新水进入稻田，最好一边进水、一边放水，使稻田水交换 2～3 次即可。

四、放养数量、规格与时间

稻田养殖水蛭是一种生态养殖模式，稻田的环境较为复杂，所以，放养规格应该适当大一些，以选择 2～5g/条的放养为好，放养数量为 20 条/m²。放养时间选择在秧苗返青以后。

五、水蛭的繁殖

稻田种植期间与水蛭繁殖时间不相吻合，稻田地中最好不进行水蛭繁殖。养殖的苗种外购为好。如进行繁殖需参照水蛭繁殖一节建造繁殖池进行繁殖。

六、投饵与施肥

水蛭主要投喂螺蛳，第 1 次螺蛳的投喂量为水蛭放养数量的 3～4 倍，以后每隔 5～7 天投喂 1 次。加上稻田中各种螺的数量，能够满足水蛭的摄食。如果出现螺蛳短缺现象，可以增加螺蛳的投放。如果养殖医蛭，每隔半月还要投喂动物凝血块，投喂方法与池塘养殖相同。如果是养殖宽体金线蛭，施肥主要考虑水稻的施肥，不需另外施肥。

七、日常管理

稻田养殖水蛭的日常管理工作以水稻管理为主，兼顾水蛭养殖管理，只是注意水蛭天敌的清除，防止它们对水蛭的侵害。

⊙ 第五节　吊网养殖

吊网养殖技术是 2010 年开始的新型养殖模式。吊养一般选择大湖养殖方式，把水蛭放入一个定制的面积为 0.5m² 的养殖笼中。养殖不占用耕地、不需要排灌水源及设备，养殖技术易懂、操作方便，养殖过程中可以完全规避天敌和旱涝灾害，养殖成活率高，水蛭生长迅速，10mg 左右的幼蛭养殖 120 天可以平均长到 19g 以上，全部达到一等大货标准，青年苗养殖 90 天可以增加 7～8 倍，平均体重超过 20g，每平方米网箱产量超过 5kg。由于此种养殖模式只适合宽体金线水蛭养殖，此节不涉及其他水蛭养殖。

一、养殖水域选择

选择合适的养殖水域是养殖好水蛭的首要工作。既要考虑水蛭的生活习性和要求，又要考虑经济效益最大化，还要考虑劳动强度问题，最好技术性不是太强，适合一般农民养殖。这种吊养形式就是一种很好的选择。吊网箱养殖水蛭水域选择非常广泛，适合大型水面养殖。

1. 养殖水域

每年 5 月底到 10 月中旬温度高于 18℃，超过 35℃的气温天数不超过 25 天，气温在 18～30℃适合水蛭生长期不低于 110 天的省份的有微流水、水深在 1.5～10m 的淡水湖泊、大型水库等开阔水域均适宜养殖。鱼塘也可以养殖。

2. 水源水质

养殖水体 pH 值常年在 5～8.5 范围内，盐度低于 0.7‰，溶氧量高于 5mg/L，浮游生物充足，没有污染。旱、涝对此种养殖模式影响不大，旱时水体深度不低于 1m 即可。吊网箱养殖操作主要在水面船上进行，要求水体水面浪平稳，水流不可过急。

3. 交通与电力

吊网箱养殖水蛭在水面进行，陆路交通和水路交通方便都对食物和物资运输有利，既可保证食物新鲜，又能降低运输费用。养殖对电要求不高，能保证生活用电，休息时可以看电视能进行娱乐活动排除养殖人员寂寞就可以。靠近岸边养殖有电最好，可以直接电动冲洗网箱降低成本。

4. 饲料供应

宽体金线水蛭主要以有厣的田螺及福寿螺为食。此种养殖方式养殖区域都选择在大的淡水湖泊和水库，这些水域螺蛳资源丰富，浮游生物也非常丰富，能够保证水蛭饵料供给，同时由于饵料能够就近获得饵料，也可降低养殖、运输成本。

5. 遮阴设施

此种养殖模式在大型水面中进行，不需要刻意进行遮阳。一般水温不会太高，如果出现水温过高，只要把吊网箱放低即可。

二、吊网箱制作

1. 网衣选择

网衣应该选择耐氧化、耐磨、使用年限大于 3 年的网布，网目以保证水蛭苗无法外逃为前提，同时要降低网眼堵塞概率、最大限度提高水的通透性、减少冲洗网箱的劳动量。

新生幼苗养殖采用 55～60 目（保证新生幼苗无法通过，水中浮游生物自由穿梭）纯料锦纶网衣制作，抗氧化力强，可使用 3 年以上；网幅宽 2.5m 为宜。养殖 1.0～2.5g 青壮年苗网箱采用 18～20 目有节涤纶长丝网衣（网眼大小不会变动），水蛭苗头部稍大于网眼，无法钻入。即使个别小水蛭钻入后网眼也无法变大，水蛭自动退出，不会出现网眼变形水蛭外逃现象。

2. 单体网筒制作

取幅宽 2.5m 网衣，裁剪成 2.2m 长，在一端 60cm 处用机器缝制上一圈套环，再把网衣机器缝制成圆筒。缝线要求与网衣同质，缝制 2 遍、边口锁住，使网箱的直径为 80cm。这种网箱体积较小，便于操作，养殖空间相对来说较大，适合水蛭在不同水体空间中生活。

3. 内支撑环制作

内支撑环一直浸泡在水中，要求材质必须防腐、经济、不变形，一般采用直径 5mm 铝包钢线较为适合。取长 2.45m 铝包钢线，磨平线断头处，以免在养殖过程中磨破网箱。把铝包钢线穿入网筒套环内，接口处要求用铝管铆接，形成一个圆环。

4. 单体浮网合成制作

有支撑环一端为底部，把底部口收紧后在中心用无丝扣扎紧、扎死，网折回再扎死 1 次，确保网底不会开和防止水蛭苗钻入，也防止网底散开造成损失。

三、吊网箱吊装架制作和吊装

1. 浅水区网箱吊装

1.5～2.5m 浅水区适合竹竿绳索吊挂式养殖水蛭。这种方式一般在鱼类围栏养殖中运用，围网内养鱼，在围网上或围网内吊装网箱养水蛭。网围的材质为聚乙烯有节网，网眼大小根据套养鱼类大小定。网底有配重并踩入底泥中，防止鱼在下面逃走，网高根据水面涨水后最高而定，保证水位涨时不会淹没网箱造成鱼类逃逸。固定网用柞木杆或竹竿。

竹竿绳索吊挂方式为先每隔 15m 成排插牢竹竿，长度依据养殖区域确定，每排竹竿间距 4m 左右，以划小船便于操作为准。每排竹竿间用绳索连接紧，绳索离水面 30cm。在绳索上间隔 0.5m 吊装一个吊网，初次吊装要求吊网上部露出水面 15cm。吊网吊装时最好螺和水蛭苗同时投放。

2. 深水区网箱吊装架制作和吊装

（1）材质和结构　吊装架材质选择内外镀锡防锈 6 分铁管为好，焊接成 4m×1.5m 框架。两端头焊接成双排支柱，便于固定漂浮物。长度方向管头留有可以把框架连接成排的接头，连接长度依据风浪和便于固定为准。连接一定要保证牢固。

（2）漂浮高度及漂浮物　漂浮物可以是泡沫柱或封闭的桶，以经济、结实、便于固定为原则。漂浮物大小要求可以使框架在养殖过程中高于水面 30cm。漂浮物直径 45～50cm。

（3）框架、漂浮物、吊网的组装　在陆地固定好漂浮物。小的漂浮物可以固定在框架四角，大的漂浮物可以固定在框架中间，漂浮物一定与框架牢固连为一体。吊网在水中吊装时，可直接把食物和水蛭苗同时按要求投入网箱。上口 30cm 处拧紧后折回用绳系紧吊在框架上，高度为网箱露出水面 10cm，网箱间距 30～50cm，确保有风浪时两个网箱不会接触为准。网底不能接触底泥，防止小龙虾、螃蟹等爬上网，伤网和水蛭，接触底泥后会造成螺和水蛭死亡率增加。

(4) **框架固定**　浅水区连接好框架两端水底插竹竿可以固定。深水区可以使用铁锚固定。可移动重物固定效果不佳（如水泥预件或沙袋等）。两排框架间距一般为 3～4m，能够保证操作船自由行走。

四、苗种

1. 苗种选择

选择亲本纯种宽体金线水蛭繁殖的幼蛭，或野生纯种宽体金线水蛭青年苗。投放时确保不含有杂种水蛭如日本医蛭、尖细金线水蛭等。

2. 苗种质量

成熟卵孵化出体大、活力强幼水蛭，体重不低于 10mg；青年苗体重大于 1g。无论是幼蛭或青年蛭，都要选择在同批水蛭中个体较大、无病无伤、体态特征明显的个体。质量鉴定采用"第四章　水蛭标准化养殖技术"中"第二节　池塘养殖"的质量鉴定方法。不含日本医蛭和尖细金线水蛭等。

五、苗种放养时间及密度

新生幼苗在自然孵化出 1～5 日投放，各地因气候不同，放养时间不同，江苏、浙江、湖北在 5 月中旬放养，山东在 5 月底放养。放养密度为 580～600 条/m²。此种养殖模式幼苗投放越早对幼苗越有利。

青年苗体重达到 1.0g 以上即可放养；各地因为气候不同，放养时间有所差异，江苏、浙江、湖北放养时间为 6 月中旬，山东则在 7 月初。放养密度为 300 条/m²。外购青年苗确保捕捞后存放时间短，熟悉捕捞地域。在宽体金线蛭中，俗称绿条的尖细金线水蛭和光润金线蛭可以作为养殖对象，而黑条生长缓慢，必须剔除。

六、水蛭幼苗过数

新生仔蛭的过数一般采取容量法和称重法两种方法。容量法一般采取大小两个容器，首先确定小容器与大容器的体积关系，然后用小容器量取集中的仔蛭过数，从而推算出大容器可以量取的数量。称量法现在一般采取电子秤称量，首先秤取一定数量水蛭的重量后过数，然后推算出单位重量的水蛭数量。

七、幼苗包装运输与储存

幼苗在投放前需先按每网箱投放苗量分好幼苗，杜绝养殖现场临时分箱。塑料包装袋包装密度为 250ml 自然水投放 300 条新生幼苗或 150 条青年二期苗，充氧或空气 300ml 后密封，可低温或与水体同温存放 12h。放养时只要把塑料袋撕开两半投入网箱让水蛭自然爬出即可，塑料袋 1 周后再取出。

八、食物及食物标准化投放

宽体金线水蛭终身以螺和浮游生物为食，湖中浮游生物的密度应达到高密度养殖水蛭的要求。养殖水蛭的螺必须鲜活，使用前清洗去除甲壳类动物（螃蟹、小龙虾等）和其他生物异物（肉食、杂食性鱼类）。投放食物最易带入水蛭天敌，投放食物前清拣干净。

1. 投放方式

螺清洁和剔除异物后直接投入网箱中即可。螺投入初始集中在网底成团，平静后各自分散爬开，不会出现集中后缺氧死亡现象。

2. 投放时间及食物规格

养殖用网箱和鲜活螺在水蛭苗投放前 1 周投放，一方面网箱经过 1 周的浸泡，通过固着藻类的附着，可以防止水蛭擦伤引发疾病；另一方面，螺蛳可以尽早适应网箱内的环境，提高螺蛳的成活率，也可使螺蛳尽早繁殖。投放的螺 80% 以上为健壮有繁殖能力的大螺，保证网箱中有足够新产幼螺满足幼水蛭食物需求。环棱螺、中华圆田螺为卵胎生，在繁殖季节（4～10 月）营养充足可以一直间歇性生产幼螺；福寿螺为卵生，繁殖季节可每月产 2～3 次卵。网箱中投放适量螺的食物用于保障螺繁殖所需营养。青年二期苗食物螺可以与水蛭苗同时投入吊网箱，螺的规格为中等大小螺为好。

3. 投放数量

幼水蛭阶段投入量为水蛭数量的 5 倍（约 3.5kg）方可以保证幼水蛭在初期 1 月内的生长需要。青年苗后每次投入量在水蛭数量的 8 倍 （3.5～4kg）。

4. 投放频次

投放频次根据水蛭生长和螺存活情况灵活掌握。原则为螺存活低于 40％就进行更换。幼苗养殖阶段 15 天更换 1 次；1～3g 青年苗 10 天左右更换 1 次；3～10g 青年苗 7 天左右更换 1 次；10g 以上后每 5～7 天更换 1 次。每次更换必须清除网箱中全部螺，重新添加新螺并把水蛭拣选回网箱中。

5. 换螺时水蛭的拣选

幼苗阶段和 1～3g 青年阶段换螺比较繁琐，螺壳中存有大量水蛭，拣选水蛭后螺壳收集到容器中，加水刚淹没过螺，幼蛭在缺氧条件下 2h 后就爬出水面，收集时幼水蛭连同上层活螺同时收集回网箱。青年苗更换螺比较容易，把换出的螺壳与水蛭混合体倒入网眼不大于 10 目箩筐中（箩筐可以装 2 倍混合体），在水中进行漂洗，水蛭全部在水上部，螺及螺壳全部在水下，把水蛭集中到一侧直接就可以分开。换螺时尽量避免在高温下进行，水蛭拣选出尽快投入到水中，水蛭在无水状态下分泌黏液后就降低了生长速度。

6. 螺壳及剩螺利用

螺壳量大可以粉碎后加工成钙粉用于饲料加工。也可以用剩余螺养殖青鱼或螃蟹等，套养后经济效益更高。

九、标准化养殖管理

（1）每日巡塘了解水温、pH 值、水位、水流、透明度（浮游生物情况），了解水蛭生长情况和健康状况。

（2）每周检查网箱，防止上下系口绳开脱、网箱破损，发现问题及时解决，防止水蛭逃跑。

（3）幼水蛭在 6 月下旬达到 1g 后拣选到 18～20 目涤纶长丝二期吊网箱中，每周拣选 1 次。一期吊网箱进行并网后逐渐减少。

（4）每 5～7 日将网箱提出水面清洗 1 次，将网箱提出水面彻底换掉网箱中已经被污染的水。冲洗可以用有一定压力水枪进行，彻底冲洗全部网箱，尤其底部。

（5）掌握吊网箱中水蛭进食情况和螺存活情况，做到螺存活低于 40％就进行彻底更换。

（6）10月水温降低，水蛭进行越冬前准备，进食量加大，食物短缺后水蛭会进食腐烂螺肉，造成肠道疾病死亡。在此阶段要每次少投、但增加投喂次数，这样可以增加水蛭的营养，增强水蛭的体质，利于水蛭越冬。

（7）正常气温下吊网箱上部应有 10～15cm 露出水面（图5-8），便于水蛭与空气接触；6～7 月水温低时，减小吊网箱在水体中的容积，上提吊网箱，保证水蛭在高水温层活动；8月水温达

图 5-8　水蛭吊养

32℃，高温下下调吊网箱的吊养高度，增加网箱在水体中的容积，吊网箱全部落入水中温度低于30℃的水层，并保证吊网箱底部不与池底泥接触；9～11月温度低于32℃时，把网箱上提，使上部露出水面10～15cm。

(8) 9月初水蛭50％达到20g以上后，就可以进行大水蛭间苗收获，把20g的水蛭收获，降低养殖密度，加快小规格水蛭的生长速度，提高养殖产量。

十、疾病防治控制

坚持以预防为主的原则，每5～7日清洗1次网箱并彻底排掉网箱内的水，保证水质清新，并有足够的浮游动物。及时投放、更换食物螺，降低水蛭进食死螺的机会。其他防治方法可以参考水蛭疾病防治章节的介绍。

第六节　庭院养殖

一、水质水源

庭院养殖是一种小规模的养殖方式，是利用农家小院的空闲地建造养蛭池。一般只进行成蛭养殖。养殖池应选择避风向阳、水源充足、易于管理的地方。庭院养蛭池的水源要求与其他养殖形式的水源要求一致，对水源没有特殊要求，根据庭院的特点，水源大多只有两种选择：一种是井水；另一种是自来水。这两种水源都有一定的弊端，井水水温较低，水质含量复杂，在选择井水作为水源时，在没有条件化验的情况下，用小规格的鱼苗或其他鱼类的鱼苗进行试养，如果活动正常则可以以此作为水源进行养殖，当然在养殖之前必须先放好水，调节好水温后再投放蛭种，平时加水也只能少量加入，防止水温变化太大影响水蛭生长，甚至得病死亡。使用自来水也应该先曝气，使水中的氯气挥发，否则氯气也会对水蛭产生不良影响。

二、池塘形状

蛭池的大小、多少、形状根据空闲地的大小、形状而定。空闲地大，可以多建几个，小则只建 1 个。池的形状依空闲地的形状采用不同的形状，长方形、正方形、圆形、椭圆形、多边形都可。

三、建设方式

池塘一般用砖砌成，水泥抹面，四角为圆角。

四、面积大小

面积以 $20\sim50m^2$ 为宜。池深 $0.7\sim1.0m$，池埂顶部砌成"T"形池檐，池底应向排水口倾斜，比降 $2\%\sim5\%$，进、排水口按对角线设计，并安有防逃栏栅。也可采用土坑喂养。

五、放养规格、数量及时间

放养规格以 $1\sim2g$/条为好。放养数量为 $80\sim100$ 条/m^2。放养时间为 6 月底至 7 月初。

六、喂养方式

与水泥池养殖喂养方式相同。

七、日常管理

管理方式与水泥池养殖相同，要注意家禽、家畜的危害，特别是鸭子的危害尤为严重，绝对禁止鸭子进入养殖池。如果采用土坑喂养，还要禁止猪、牛等下水。

第七节　沟渠养殖

本养殖方式为一种粗放式的生态养殖方式，条件恶劣，敌害生物多，成活率低，单位面积的产量较低，要想获得较好的效益，只有进行规模化养殖。

一、水质水源要求

与一般养殖形式的水质要求一样，水源除了充足以外，水位应该相对稳定，不会因为水位过高而漫堤，也不会因为用水或干旱而干枯。水流不要太大,更不要接纳各种生产、生活污水。

二、环境条件

环境条件相对稳定,没有归属权的争议,不影响正常生产活动的沟渠。

三、养殖形式

生态养殖。

四、防逃设施

仿生态养殖防逃设施建设。

五、放养前的准备

沟中如果没有水草可以种植水草,种植水草尽量不要选择水花生和水葫芦,应该选择沉水植物。如果选择水花生或水葫芦,覆盖率不要超过30%。如果沟中有水草或种植水草,水草的覆盖率也不要超过30%。在靠近水面一侧土壤要保持疏松,便于水蛭产卵孵化。也可放置一些瓦块等。水蛭下塘之前要消毒。沟渠也要进行消毒处理,可以采用池塘清塘药物进行清塘。

六、防逃设施的建设

沟渠两侧的防逃设施参考围栏养殖的建设方案。沟渠的两头要设置双层防逃网,防逃网要用坚实的木桩或毛竹固定,防止水流冲击倒塌。

七、放养规格与密度

规格为20g/条。放养密度为50尾/m²。

通过进行自然产卵繁殖孵化,增加水体中水蛭的数量。冬季可以就近越冬,越冬水蛭可以作为第2年的蛭种放养。

八、投放时间

春季4月10日前。

九、投喂方式

主要以螺蛳喂养，螺蛳的投喂与一般水蛭养殖方式基本相同，可以参考相关养殖方式喂养。

十、管理

参照其他形式的管理方式进行管理。

第八节　塑料大棚反季节养殖

塑料大棚反季节养殖，是根据蔬菜塑料大棚种植和甲鱼温室养殖移植来的。通过温度的控制，使水蛭不进入冬眠期而继续生长，可以延长水蛭生长期4个月。尤其目前野生资源越来越匮乏，造成每年春季种水蛭价格异常飙升的情况下，秋季采购价格较低，成熟水蛭进行越冬育种经济前景非常可观。但这一养殖形式还处于初级阶段，技术还不成熟，还需要进一步探索，作者在此介绍的目的就是希望从业者有所了解，也可以通过自己的探索，丰富这种养殖模式的养殖技术。

一、水源要求

水源要求与其他养殖形式相同，以井水、地热水或工厂余热水为好。井水和地热水的温度较高，适当增温就可以保持养殖池的水温，使水蛭在冬季也能够正常生长。工厂余热水则需要适当降温，把水温调节到适温范围。无论是井水、地热水，还是工厂余热水，其溶氧很低，应该进行必要的增氧，最好有一个增氧池或者曝气池。

二、塑料大棚的安装和水泥池的建设

塑料大棚的建设与一般的蔬菜塑料大棚建设一样，有单层和双层两种结构，材料选用竹竿、木材、钢管均可，以镀锌钢管为最好。条件许可可以把塑料换成玻璃。在塑料棚上搭盖稻草帘，以保水温。水泥池的建设可以参考水泥池养殖中水泥池的建设，另外修建一个增氧池或曝气池，使水源水经过增氧后再进入养殖池。增氧设备采用一般的鼓风机即可，鼓风机最好装在室外，这样因为室外的温度较低，会降低一些水温，但保证了充足的氧气，如果安在室内，时间一长空气中的氧气会减少，影响增氧效果。

三、池塘大小

池塘的大小为 10～50m²，池深 0.8～1m（最好是地面以下），池水深 60cm，池底铺设红瓦片和碎石等利于水蛭栖息物体。

四、放养规格和密度

放养规格为 20g/条。放养密度为 100～150/m²，比一般的密度要稍大一些。

五、放养时间

在每年秋季或初冬。水蛭进棚时棚应该敞开，室内室外温度一致。水蛭进棚后慢慢升温，防止出现温差过大引起水蛭死亡。

六、饲养与管理

饲养方法和日常管理与网箱养殖管理方式相同。

七、技术要点

（1）由于是反季节养殖，是一种在小范围内的封闭式高密度养殖，任何条件都可能对水蛭产生影响，要密切注意水蛭的活动，一旦有什么不可调和的情况，应该及时处理，减少损失。

（2）由于室内室外温差大，如果管理不好就会出现温度的陡降陡升，这种陡降陡升的水温变化是水蛭养殖中要坚决避免的，如果发生，可能会造成重大损失。所以，温棚管理的责任心是最重要的。

（3）由于此种养殖方式的养殖密度比其他养殖方式大，又是在封闭的条件下养殖，所以水质管理尤为重要，要勤换水，保证池水水质清新，有条件的可以采用微流水的方式进行养殖。对于残食和植物的腐败残枝要及时清除，另外，每隔 10 天左右要洗池 1 次，防止影响水质。

（4）有条件的可以采用热能增温进行恒温养殖，这样更利于水蛭的生长。

（5）注意放养规格的一致性，避免大小套养。

（6）水温控制是管理的核心，如果水温控制不好就会引起水蛭感冒，甚至发生死亡事故。

（7）防病治病也是工作的重点，密度越大，发病的可能性越大，应以预防为主，定期进行池水消毒和投喂药饵。在工具的使用上尽量分开使用，防止病害交叉感染。

（8）要利用好一切条件保温，尤其是稻草帘的灵活应用，可以有效地利用阳光提温。利用稻草帘保温，防止使用不当造成温差过大。

第六章

水蛭人工繁殖技术

人工繁殖技术就是在人工控制条件的情况下，完成水蛭的性腺发育、成熟、排卵、产卵、受精和孵化一系列过程。目前我国的水蛭养殖还处于一个初级发展阶段，繁殖技术也是以自然繁殖为主，结合人工孵化，获得一定的水蛭苗种。要想获得理想的人工繁殖成果，广大水蛭养殖从业者和研究人员还有很长的路要走。

➜ 第一节　亲蛭的选择

一、亲蛭的来源

目前我国用于养殖的水蛭主要有两种，一种为医蛭；另一种为宽体金线蛭。这两种水蛭都存在于我国的河南、浙江、山东、安徽、江苏、江西、湖南、湖北等地；野外采集方便，可以从野外水域中采集，也可从良种场购买，还可以从成蛭养殖中挑选。

医蛭的野外采集比较简单，可以把竹条、稻草堆在动物血液中浸泡后放在水中（图 6-1），水蛭闻到腥味后会钻入竹条或稻草堆中吸食动物血液，2h 后把竹条或稻草堆拖到岸上就可以捕捉了；也可以把竹筒破开，打通一端，放进动物血液后再把竹筒合拢用绳扎紧，晚上斜插在水中，水蛭会自动进入竹筒吸食动物血液，第 2 天早上就可以收获水蛭了；也可用丝瓜瓤沾上动物血液诱捕。

如果在成蛭中选择亲蛭，必须考虑水蛭的近亲交配和回交问题。目前还不知道水蛭选择交配对象时有没有识别近亲的能力，如果没有，造成近亲交配或回交，有可能对水蛭的体质产生影响，造成仔蛭的成活率下降，影响养殖效果。仔蛭经过 150 天左右的喂养可以达到性成熟，按照每个亲蛭繁殖 2 年计算，就有可能发生回交

图 6-1　水蛭的野外捕捉方法

现象。所以，我们提倡在选择亲本时，最好到有资质的良种场购买，或者到野外捕捉。雌雄分别选育的方法在水蛭繁殖中不能采用，因为水蛭为雌雄同体，分别授精，不能保障品种的质量。

任何动物的养殖，亲本的选择是保证养殖效果的第一步，只有选择优质的亲本进行繁殖，才能得到优良的子代。水蛭也是一样，虽然水蛭养殖还在起步阶段，但保证子代的品质优良是水蛭养殖的基础。

二、亲蛭的质量要求

亲蛭应该选择体质健壮、无病无伤、运动活泼、生物学体征明显的个体。在挑选时，首先选择个体大、体质好的个体，其应体色正常、有光泽，身体无病无伤，手触时蛭体马上收缩为一团，尔后又慢慢伸直开始蠕动，试图逃跑，用一只手拿住水蛭，另一只手从头至下挤压腹部，如果有脓液流出则不可要。

选购亲蛭应到现场查看，了解亲水蛭的第一手资料。供应亲蛭企业应有水中低密度流水存放的长期储存条件，24h短期存放应是保温箱无水低温不叠层存放。目前亲蛭多以短期存放出售为主，选购时应将手伸入水蛭底部感觉一下温度，凉为正常，热为不正常，已经产热水蛭，为存储时间过长，死亡率极高。

三、亲蛭的运输

运输水蛭的方式有有水有氧低温运输和无水低温运输。有水有氧低温运输方式为容器中添加 1/3 自然水，容器底部有加氧孔，运输过程中一直充氧气或空气，容器口部有 10～15cm 防逃边。此种方法运输安全、成活率高、适合长途运输，但专业性强，成本高，应用不广泛。无水低温运输方式为保温箱或周转箱临时改装成，容器内加半解冻冰瓶降低水蛭活性，防逃设施可用胶带临时制成，也可以用牙膏涂抹容器边口防逃。此种运输方法简便，适合短途运输。运输前水蛭必须用清水进行清洗处理，清洗的目的是去除水蛭身体上污染物保证运输箱没有污染。装箱密度以水蛭分散开不叠加为准。

第二节　亲蛭的放养与培育

一、繁殖池的选择和建设

繁殖池选择建在远离道路，没有地面震动和没有噪声干扰的开阔地域，土质优良，没有农药污染，水源充沛，水位稳定。简易繁殖土池建设有卵台（宽 1.0m）、沟（宽 1.0m），水深 30cm，卵台为高出水面 30cm 的并排土池，建设规模根据计划繁殖能力建设。繁殖池周围建设高 40cm、埋入地下 25cm、防逃边 20cm 的防逃网围。上部建有遮阳网棚，高度为方便人员操作为好。给排水系统可以随时保证水位稳定。

水泥池繁殖，要搭建专门的产卵池，池底宽 3～4m，底部中间建有深 0.3m、宽 0.8～1m 的沟槽，沟槽两侧长边建设有 1m 宽的平台，平台培有 30cm 繁殖土，水深保持 0.4m。从池水到繁殖平台用瓦片连接，方便水蛭进入繁殖土壤中产卵。也有在水泥池中间设置产卵平台，水蛭从水中直接进入产卵平台。水蛭产卵场布置见图 6-2。

图 6-2　水蛭产卵场布置图

二、水质条件

要求水源充足，在干旱季节能够保证水量供应，排灌方便，在暴雨季节能够及时排干积水，防止水涝的发生。水质要求清新，符合鱼类养殖用水标准。不得有工业污水、生活污水进入，水源沿途农田径流水水质良好，没有农药污染等不良水进入。

三、培育方式及面积大小

亲蛭的培育方法主要有两种，一种是土池培育；另一种是水泥池培育。土池一般采用长池培育，也可利用浅水鱼池进行培育，面积选择在 $200.1 \sim 667m^2$ （$0.3 \sim 1$ 亩），此种方法直接在池中繁殖。水泥池也采用长池，底宽 $3 \sim 4m$，底部中间呈凹陷形，池高 $0.8m$，水深保持 $0.4m$。

四、放养前的准备

1. 繁殖池的消毒

按照鱼类养殖的传统方法，利用冬闲时节，抽干池水，对池塘进行暴晒，利用阳光的紫外线和冬季气温低下、昼夜温差大的条件杀灭病菌，减少水蛭疾病的发生。除此以外，在水蛭放养前 10～15 天，用生石灰或漂白粉清塘，进一步杀灭池中有害生物，生石灰的用量为 $75kg/667m^2$，漂白粉的用量为 $50mg/kg$，全池泼洒。水泥池采取高锰酸钾消毒的方法，用量为 $20mg/kg$ 高锰酸钾溶液沿池壁及池底泼洒后加注新水洗刷池壁及池底，再加新水浸泡 1～2 天即可。

2. 防逃设施的搭建

防逃设施主要有进排水和池塘四周的防逃网，可以按照成蛭养殖的方式建设。

3. 凉棚的搭建

凉棚的搭建主要考虑夏天水温过高的情况下的水蛭遮阴。水蛭的适应水温为 15～30℃，12℃时摄食力下降，10℃ 以下不摄食，5℃ 以下开始进入土中准备越冬，3℃ 进入休眠状态。32℃ 时摄食减慢，35～40℃时停止摄食，40～45℃出现死亡现象。在我国的南方地区，夏天水温较高，容易发生水蛭"烫死"现象，因此必须搭建凉棚。搭建凉棚的办法很简单，在池的四周栽上粗毛竹，在顶部用细毛竹打上支架，在凉棚四周栽上丝瓜等攀爬性的瓜果植物，待夏季爬满搭建的凉棚后即可遮阳。

4. 产卵场的布设

由于水蛭产卵采用的是自然产卵，所以必须要搭建产卵平台。在自然状态下，水蛭产卵会找岸边松散的土壤，钻入土壤中产卵。所以，在人工养殖条件下，要进行仿生态产卵场的建设（图 6-2）。

五、放养时间、规格、数量

1. 放养时间

亲蛭的放养时间选择在每年的 3 月底 4 月初，各地根据气温情况而定，开春以后，一般气温变化较大，忽上忽下，很不稳定，此时把亲蛭转入一个陌生的环境很可能使之不适应，给亲蛭造成一定的影响。

2. 放养规格

亲蛭一般选择年轻个体，体重在 12～20g/条为好，由于亲蛭的体质好，其仔蛭的质量也会健康，孵化率、成活率也高。

3. 放养数量

按照每平方米卵台投放种水蛭 200 条，可以最大限度提高卵台利用率，又降低卵茧收集劳动强度。密度过大会造成卵台坍塌和水蛭产卵过挤，产卵率和孵化率降低现象。亲蛭繁殖期间会在夜间间断性觅食补充体力，保证水蛭有足够的食物螺也是提高产卵量的关键因素。繁殖期间亲蛭密度比较大，产生排泄物和分泌有害物质比较多，再加上食物螺被水蛭进食后死亡腐烂都会加大水体污染，每日换水是提高亲水蛭成活率的有利因素。

4. 宽体金线蛭繁殖期前后预防亲蛭大量死亡的生产性对策

繁殖期间亲水蛭死亡率较高，主要原因如下。

(1) 机械伤害因素（地龙网或天敌）引发水蛭体表损伤后或继发霉菌感染所致。

(2) 养殖池水体水质条件恶化引发水蛭中毒窒息死亡。

(3) 亲蛭繁殖后体内营养物质大量消耗，造成产后体虚，引发亲蛭死亡。

针对亲蛭产后死亡率高的现象，可以采取以下措施减少亲蛭的死亡。

① 及时投喂充足食物，保证繁殖期间亲蛭能及时进食，体能得以恢复。

② 加强春季培育，提高亲蛭的体质，使亲蛭在繁殖期间有充沛的体质。

③ 在以投螺饲喂为主的养殖模式下，高温季节及水蛭摄螺旺季在养殖池中投放生物制剂净化、改良底泥和水质。性价比高的生物净化剂如光合细菌，每 7～10 天可泼洒 1 次，每次用量在 100～200mg/L。

④ 繁殖池每年进行 1 次清池暴晒。在每年秋冬季节，水蛭采

收后，排去水池积水，仅留 3~5cm 池水，每平方米用 10g 漂白粉清池，并用铁耙翻底泥，随后进行连续暴晒。10~15 天后进水。

⑤ 作为用于繁殖的亲蛭，必选按标准进行挑选，特别是春季引种的亲蛭，一定要具备良好的性腺发育。

⑥ 改善死螺管理措施，降低死螺腐烂造成的次生危害。

六、喂养

1. 宽体金线蛭

（1）饵料要求 宽体金线蛭饵料与医蛭的饵料有所不同，主要以螺蛳为主，兼以浮游生物、小型昆虫、蚯蚓、有机碎片等为食。螺蛳的投喂采取一次投喂，分期补充，投喂的时间一般在每年的 3 月底至 4 月初，与水蛭的放养时间基本一致。一次性投喂健康的田螺、椎实螺或福寿螺不低于每 $667m^2$（亩）30kg。福寿螺不要投喂成螺，投喂与成年田螺差不多大的育成螺或幼螺即可。投螺的数量为水蛭放养数量的 5~7 倍以上，在养殖过程中要观察螺蛳的种群变化，虽然水蛭不断地残食螺蛳，但因螺蛳的繁殖时间与水蛭的繁殖时间大致相同，螺蛳的种群数量也在不断地变化，会有小螺蛳不断地补充水中螺蛳的数量，一般不会出现螺蛳不足的现象，如果发现螺蛳的成活率低于 40%，就应该补充螺蛳，但补充的数量不能太多，螺蛳在食性上与宽体金线蛭有一定的冲突。螺蛳投放过多，也会消耗水中大量的溶氧，也会捕食一些有机碎片和浮游生物，与水蛭产生争食现象，食物上的矛盾，对水蛭生产产生一定的影响。

宽体金线蛭饵料的另一个来源为浮游生物和有机质，浮游生物主要靠肥水培育，丰富的浮游生物可以使水蛭的营养更全面，更利于水蛭的生长发育。一般在水蛭下塘前，每 $667m^2$（亩）施农家肥150kg，既可以肥水，又可以增加池中的有机质。为了保证足够的浮游生物，透明度应保持在 25~30cm，可以满足水蛭对浮游生物的需求。一旦透明度高于 35cm，需要追肥，追肥的数量可以根据水色的变化决定。

（2）水质管理 宽体金线蛭由于采取肥水的方式培育浮游生

物，因此要求对水质的掌控更为严格，水色过深，会引起水质变坏；水色过淡，肥效没有达到，水中浮游生物的密度不能满足水蛭的要求。对水质的要求与养鱼对水质的要求一样，池水要达到"活、肥、嫩、爽"，"活"表示水色在1天中颜色有所变化，一般早上水色较淡，中午变深一些，下午水色达到一天中的最深；"肥"表示池水有一定的肥度，不能是清水无肥的感觉，保证了水中浮游生物的密度；"嫩"表示水色看起来很鲜嫩，有光泽，不是一种阴暗无光的感觉，没有腥味，浮游生物个体处于发育的初级或中级阶段，没有或少有老口和死亡的浮游生物；"爽"则表示水色看起来很养眼，很舒服，有活力。要达到"活、肥、嫩、爽"，必须根据水色的变化灵活加水、换水、追肥。如果换水过勤，会把已经培育好的浮游生物放走，造成饵料的浪费，如果换水过少，则没有达到调节水质的作用。所以在保证水色在正常范围内的条件下，冬天20天左右换1次水，春季和深秋10～15天换1次水，夏季与秋季是水蛭的快速生长期，又是高温季节，水质变化较快，换水时间间隔要短一些，一般7～10天换1次水，每次换水量不得超过池水量的1/3，有微流水的池塘更好。检查池水肥度的方法可以采用池中放养花鲢、白鲢等调水鱼的办法，既可以调节水质，又可以作为判断水质好坏的指示生物，但不能放养过多，因为这两种鱼也是以浮游生物为食，与水蛭在食物上有冲突，具体放养密度为，白鲢100～200尾/667m^2，规格150～200g/尾；花鲢20～50尾/667m^2，规格250～400g/尾；也可投放小规格的鱼种，数量要多一些。在水较肥时，这两种鱼最先开始浮头，一般太阳出来后，浮头自然消失为好。使池中花鲢、白鲢的浮头保持这种状态，池水的肥度就可以满足水蛭的需要了。

水质管理还有水温的管理。夏天水温在32℃时，水蛭食欲开始下降，40～45℃时就会出现死亡。所以在夏天水温较高时，要采取降温的方法，使池水水温降低到30℃以下，可以通过搭建凉棚、换水、加入井水、投放漂浮性植物等方法进行降温，这些方法都可以达到降温的目的。

2. 医蛭

(1) 饵料要求 医蛭主要以动物血液为营养，兼食软体动物的血液和体液。在人工养殖条件下，主要以螺蛳为主，兼食一些浮游动物，所以还是以投喂螺蛳为主，其他饵料为辅。螺蛳的投喂也是一次投喂，分期补充，一般每 $667m^2$（亩）一次性投喂健康的田螺、椎实螺或福寿螺 30kg，福寿螺要以幼螺和育成螺为主，不要投喂成螺，成螺太大，厣的力量也大，水蛭捕食时或损伤水蛭皮肤。螺蛳的投放量是水蛭放养量的 5～7 倍以上，投喂时间与水蛭投放时间基本一致，即每年的 3 月底至 4 月初，在养殖过程中要观察螺蛳的种群变化，虽然水蛭不断地蚕食螺蛳，但因螺蛳的繁殖时间与水蛭的繁殖时间大致相同，螺蛳的种群数量也在不断地变化，会有小螺蛳不断地补充水中螺蛳的数量，一般不会出现螺蛳不足的现象，如果发现螺蛳的数量偏少，可以适当补充一些螺蛳，但补充的数量不能太多，因为螺蛳的数量过多，也会消耗水中的溶氧和浮游生物，从养殖角度讲，与水蛭有一定的环境冲突和食物冲突。由于在自然条件下，医蛭主要以包括人在内的动物血液为主要食物，在人工饲养下，适当补充一些动物的凝血或干血粉，对于提高医蛭的生长速度和增强医蛭的体质大有好处，所以一般每周投喂动物血块 1 次，投喂方法采用搭建食台的方法，把动物的凝血块放在能在水中漂浮的木块或泡沫板上，投喂数量为 1～2kg，不得添加食盐，如果不够，可以增加，如果多了，则在第 2 次投喂时适当减少。投喂时间为下午 5～6 时，可以直接把血块放在木块或泡沫板上，水蛭闻到血块的腥味后会自行爬上去觅食，吃完后会自动离开，一般第 2 天检查板上血块的吃食情况，如果还有剩余，要把木板或泡沫板拿出池塘并清理干净，防止血块进入池中影响水质。

（2）水质要求　医蛭对水质的要求比宽体金线蛭要略高一些，因为它对浮游生物的利用率不是很高，对螺蛳的数量要求也没有宽体金线蛭的高，动物血块是它的主要食物来源之一，所以，在医蛭的养殖池中可以有条件把水质调节得好一些，给水蛭提供更为优越的条件，促进水蛭更好的生长。调节水质的方法主要有两点，一个是通过换水调节水质；另一个是改善水温条件。一般每隔 7～10 天换水 1 次，每次的换水量为池水的 1/3，换水时要注意水温的变化，水温变化不能超过 3℃，在利用井水作为水源时一定要注意。夏天天气较热，换水的时间间隔可以短一些，晚秋、早春以及冬季换水间隔时间长一些，可以15～20天换1次水。换水时，可以采取先抽出池水老水，再加入新水的办法，效果要好一些。最好边排边进。

夏天水蛭在32℃时，食欲开始下降，40～45℃时就会出现死亡。所以夏天的降温是管理中的重要工作，可以通过搭建凉棚、换水、加入井水、投放漂浮性植物等方法进行降温，保证池水水温在30℃以下。

七、日常管理

（一）水质调节

水蛭的水质管理比一般的鱼类要容易一些，水蛭相对于其他水生动物对水温、溶氧以及有害物质的忍耐力要强许多，只要鱼类能够生活的水质，水蛭都能正常生活。但优良的水质可以促进水蛭的生长，所以在水质管理上尽量给水蛭提供优良的水质条件。

（二）水温的调节

水蛭的适宜水温为15～30℃。在12℃以下摄食力下降，10℃以下不摄食，5℃以下开始钻入土中准备越冬，3℃进入休眠状态；32℃食欲减退，35～40℃停食，40～45℃引发死亡。根据上述情况，在低温时可以采取以下方法提高水温或增加营养，使水蛭积累脂肪，利于越冬。

（1）在早春如果水温偏低，可以白天降低池水，通过阳光的照射提高水温，增加水蛭的食欲。

（2）深秋也可通过白天降低水深，晚上增加水深的方法，保持水温在水蛭正常的水温范围内。

（3）如果水温下降得厉害，可以增加池水深度，以起到保温的作用，可以有效延长水蛭的摄食时间。

（4）冬季可以通过搭建温棚、添加温泉水、井水和工业冷却水使水温升至水蛭摄食温度，延长水蛭生长期。水温上升到8℃以上时，水蛭就会开始觅食。

为了避免夏季水温过高引起水蛭停食，甚至出现"烫死"水蛭的现象发生，可以采取以下几种方式降温。

（1）搭建温棚降温，具体的搭建方法可以参考前面的介绍。

（2）在池水中投放一定的漂浮性植物，以水葫芦为最好，水葫芦发达的根系可以给水蛭提供歇息的场所，而且水葫芦的根系下水温清凉，大大低于暴露与阳光下的水体温度。

（3）通过添加井水的方法降低水温，但一次性添加的水量不能太多。

（4）加大换水力度，最好能形成微流水。加水时的取水点尽量取水源的下层水，下层水的水温要比水面水的温度低得多。

（三）湿度的调节

湿度的调节主要是指产卵场泥土保持合适的湿度，可以保证良好的孵化率，鉴别泥土湿度的方法是用手抓住产卵场中的细土，轻轻用手捏捏，泥土可以成为松散的泥团，太湿会使卵茧含水量过大，影响仔蛭的孵化率，如果太干，卵茧就会失水，同样会影响仔蛭的孵化率。保证湿度的最好和最简单办法为保证繁殖池水位不变。有条件的建立与要求水位一致的溢流口，不间断补水保证溢流口一直有水流出。或建立水位明显标记，2～3h巡视1次，随时调节水温稳定。

（四）巡塘

1. 观察水蛭的活动情况

水蛭的活动情况是养殖者必须掌握的情况，通过对其活动的观察，了解其健康状况和水质情况，根据发现的情况及时应对，采取相应的措施，避免事态进一步发展，减少或避免损失。观察的方法主要通过对水蛭生活规律的了解，摄食特性的了解，对比观察的情况，发现问题后马上解决。

2. 观察水质变化情况

水质的变化直接影响水蛭的生活质量，也就影响到水蛭的生长发育，主要根据前面介绍的水色判断方法进行判断，了解一天中水色的变化规律，使水色达到"嫩、爽、活、肥"，及时加水、换水。

3. 观察食物的丰歉情况

食物的丰歉情况主要是对螺蛳多少的观察，如果少了，要及时添加。另一个是对水色的观察，通过观察水色，了解浮游生物的多少，决定是否追肥。

4. 掌握孵化情况

观察仔蛭的孵化情况以及孵化场的土壤湿度，保证湿度在有效范围内。

5. 清理水中杂物

池中的漂浮物、杂草和腐烂的水草要及时清理，有些鱼池水草丰富的要适当稀疏，防止水草过密影响水蛭生活，水草的覆盖率不能超过30％。对于有些水草，要注意季节性的死亡造成水质的变坏，如菹草，每年6月大量死亡，引起水质变黑、变臭，如果水中菹草过多，要注意6月左右菹草死亡时的水质变化。池塘岸边水草丛是藏匿敌害生物的地方，要及时地进行清理，防止敌害生物隐藏伤害水蛭。

6. 清理水中死螺或空螺

螺蛳被水蛭吸取体液和血液后，一般都会死亡，死亡的螺蛳有的会漂浮在水面上，有的沉入池底腐烂，要及时捞出，避免死亡的螺蛳影响水质。死螺捞出后，要放入螺蛳分捡池中进行分捡，防止水蛭藏入螺蛳中与死螺一起运走，影响水蛭的成活率和养殖效果。具体分捡方法前面已经介绍。

7. 驱赶敌害生物

鱼类、鸭、水鸟、老鼠、水蛇、小龙虾、野螃蟹、青蛙、水蜈蚣等都是水蛭的天敌，要进行必要的清理和驱赶，避免伤害水蛭。

8. 做好养殖日志

养殖日志的建立，是个人技术资料的积累和总结，通过日志记录养殖过程中的工作经历，特别是对于一些突发或者以前没有发生过的事情的处理记录，对于提高自己的技术水平，指导以后的养殖很有必要。

（五）防逃设施的检查

防逃检查除了每天的例行检查外，要特别注意下雨天的防逃，水蛭为软体动物，可以从很小的缝隙中钻出，下雨天是它们逃逸的高峰天气。

（六）病害防治

病害以预防为主，治疗为辅，为了有效地防止水蛭疾病的发生，可以每月用漂白粉消毒 1 次，用量为 1mg/L。

第三节　繁殖与孵化

一、繁殖

　　水蛭为雌雄同体，单体受精，也就是说水蛭 1 次以雄性的身份交配 1 次，1 次以雌性的身份交配 1 次。所以在选择亲本时只要选择合格的个体就行，不必考虑雌雄搭配。水温超过 15℃，低于 20℃时则可进行交配，交配以后 1 个月开始产卵。

　　交配时，2 条水蛭头尾相反紧贴在一起，各把生殖孔对着对方的生殖孔，完成交配受精。大约在交配后 1 个月开始产卵茧。首先由生殖孔分泌 2 层黏液，形成卵茧的外壁，包在生殖孔的周围，再从生殖孔中产出卵于茧壁与身体之间的空腔中，同时向茧中分泌蛋白液，亲体在此期间慢慢向后方蠕动退出，形成卵圆形的卵茧。卵茧大小一般为（22～23）mm×（15～24）mm，重量为 1.1～1.7g。卵茧在产卵场的土中数小时后变硬，茧壁外层泡沫风干，成为蜂窝状或海绵状的保护层。一般 1 年产卵茧 1～2 次，每次产卵茧 1～4 个，每个卵茧可孵出仔蛭 15～35 条，多数为 20 条，1 条水蛭每年可产卵孵化 300 条左右。在水蛭产卵期间，要保持产卵环境安静，如果遇到惊吓逃逸，则形成空茧。所以在每年的 5～6 月，水蛭的产卵季节，一定要保持环境的安静，一般没有特别的事情不要进入产卵区。

二、孵化

　　水蛭产卵期较长，个体差异原因和产卵次数不同使卵茧很难在同一时间集中孵化完成。温度决定孵化时间长短，气温在 20℃时孵化期在 28 天左右，气温升高可降低孵化时间，气温在 25℃时孵化时间可以缩短到 22 天左右。在适温范围内，温度越高，孵化时间越短，温度越低，孵化时间越长。自然界中水蛭产卵和孵化是同时进行的，目前人工繁殖也基本遵循自然规律。

　　新产出的卵茧呈粉红色，呈椭圆形，上部尖小下部大，外部泡沫状保护层比较白；孵化 12 天左右中期的卵茧外层保护膜和内层膜呈棕色（图 6-3），仔蛭还没有成熟时为粉红色，营养液没有完全被吸收；孵化 25 天后后期的卵茧呈浅褐色至浅黑色，光下可以看到卵茧内为一小团黑色，没有了液态营养液，未被吸收的营养液凝结成浅黄色柔软固体。仔蛭已经完全成熟，身体条纹清晰，外观条纹与成年色泽基本一致。孵化 20 天后降低水位，使土壤水分降低，阻止早期繁殖卵茧已成熟仔蛭爬出，方便收集卵茧。

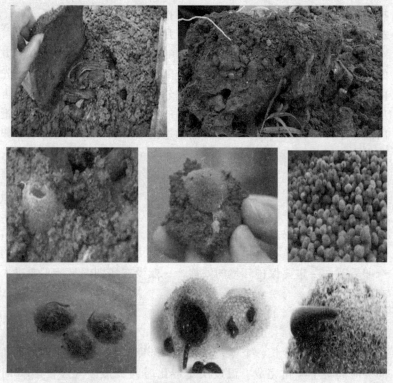

图 6-3　水蛭孵化图

卵茧收集时间要根据卵茧成熟情况确定。水蛭卵茧孵化最佳温度是平均气温在 20～25℃。第 1 次产卵时气温在 20℃ 左右，卵茧孵化时间相对较长，7 天后再产卵时气温相对较高，由于气温不断升高的原因，7～8 日内产的卵茧可以相对集中孵化成熟。孵化 25

天后的水蛭幼苗已经达到成熟状态，透雨过后或人工使卵台湿度达到 40%，水蛭幼苗开始由卵茧上下口爬出。卵台土壤湿度足够大并保持时间较长，已爬出卵茧幼水蛭开始由亲蛭产卵时的洞口爬出，爬往水池中。进入池中仔蛭栖息在池边水草与水面半接触的叶片背阴面下，或栖息在人为投放的仔蛭栖息泡沫板下面。仔蛭也与成年水蛭一样夜晚活动，并有集中抱团栖息现象，每日清晨在仔蛭栖息处非常容易收集。湿度过低，仔蛭爬出卵茧后会成团聚集在卵茧附近阴凉潮湿的地方。自然爬出的仔蛭身体强健，养殖成活率高。

仔蛭自然爬出后虽然身体比较强健，但非常不集中，进行规模繁殖和收集比较困难。人工繁殖的水蛭无法等到自然爬出后再收集，而是在卵茧 60%～70% 成熟或雨后 10% 卵茧有仔蛭爬出时开始收集卵茧。使用钢叉人工进行卵台翻土收集卵茧。收集卵茧时用手把土块逐个掰碎，逐个拣选出卵茧。捡拾卵茧时一定要轻，过度挤压会造成成熟卵茧内仔蛭爬出和未成熟卵茧上下口破裂营养液流出人为造成废卵。

人工繁殖方式收集的卵茧要分类进行处理。按发育情况人工进行成熟卵、未发育完全卵、已经爬空卵茧分类处理。爬空卵茧上下口已经开，透光后卵内没有黑色阴影，撕开卵茧可以看到内壁非常光滑干净。撕开空的无效卵茧，卵茧内壁没有光泽长有霉点；成熟卵茧呈浅褐色至浅黑色，透光后卵内有小团黑色阴影，上下口完好；未发育完全，卵呈粉红色，外观非常饱满而富有弹性。爬空卵茧先集中到容器中喷水使全部茧湿度加大，扣盖停留 1～2 天丢弃卵茧收集容器底部漏掉的仔蛭；成熟的卵茧平铺在上下铺有编制粗糙湿毛巾泡沫板上，卵茧平铺在两层毛巾中间，毛巾边沿浸入水中。间隔 4h 浇水 1 次，3～4 天仔蛭全部出齐。为方便收集仔蛭，有条件的养殖户可以把卵茧排放在 50～60 目网布制成的带有防逃边的网箱中，网箱不宜过大，以便于提出水面收集就可以。未成熟卵茧再放入孵化台进行二期孵化。在水位线 5～8cm 处平铺好未成熟卵茧，宽度不高于 30cm，并覆盖 5cm 左右湿土，孵化时气温一般高于 25℃，卵茧 20 天左右基本孵化成熟。

仔蛭自我保护和逃生能力弱，中午暴露在烈日下的孵化盘中的仔蛭极易成批被阳光晒死，孵化棚必须有遮阳网。孵化出的仔蛭密度过大，必须尽快投放到养殖区网箱内，保证仔蛭尽快吃到食物。借助其抱团栖息特性可以直接把仔蛭连盘一起移到养殖网箱中。确定投放数量：可以用毛刷刷下仔蛭进行收集后称重投放。仔蛭一般体重在 10mg 左右，每 0.5kg 新生幼苗约有 4.5 万条。收集网箱中仔蛭可以用每平方厘米不高于 1.5kg 压力的水枪冲洗网箱，把幼水蛭集中到一点进行收集。

第四节　幼蛭的培育

　　水蛭虽然终身以螺为主要食物，但从卵茧中孵出的幼体，在一段时间内以体内的营养储备维持生命，同时也可以摄食水体中的各种浮游生物，主要有大型单细胞藻类（如角藻、鼓藻、裸藻等）、小型原生动物、轮虫等，后期幼体还可捕食桡足类和枝角类及其幼体。也可吸食幼螺的体液。从初步生长情况看，进食幼螺的生长速度较捕食浮游生物的要好些。

　　宽体金线蛭的饵料组成具有多样性。幼蛭开口期的饵料以小型浮游生物为主，同时兼食刚产出的幼螺。随着幼蛭的生长，其食性发生变化，以吸食螺等软体动物的体液为主，兼食浮游生物。医蛭可以投喂凝血块增加营养。

一、饵料生物的培育措施

1. 清池

　　每立方米水体用漂白粉 20g 清池以消灭大型枝角类和桡足类。对于一些水绵爆发的池塘，则需采用全池泼洒丝藻杀的方法以保障后续的肥水措施能奏效。

2. 施基肥

　　药物清池 3～5 天后，即可进水。根据饵料池浮游生物的本底数值决定是否引种，并使用不同的肥料组合。进水要用 200 目筛绢网过滤去除大型浮游生物，并控制好进水速度，防止造成筛绢网破损。然后施基肥培养浮游植物，基肥通常用有机肥。最常用的是发酵鸡粪，使用量为 $(0.5 \sim 1.0) \times 10^3 \, kg/hm^2$。同时施以无机肥，根据池水的透明度情况，每立方米另加尿素 2g、过磷酸钙 0.5g 或复合肥 1~3g，分别溶解，全池泼洒。并维持池水的透明度在 20~30cm。浮游生物的培育方法有许多种，可以参考前面的介绍。

3. 监测与管理

每天监测饵料池浮游生物的数量，并根据天气情况决定抽水及施肥，当池中浮游动物数量较多时抽水，同时施追肥。

4. 追肥保持饵料池浮游生物的高峰

根据饵料池中浮游生物的种类和组成，决定是否追肥。正常情况下每周追肥 1 次，追肥的用量：每立方米另加尿素 2g、过磷酸钙 0.5g 或复合肥 1~3g，分别溶解，全池泼洒。

二、饵料生物管理措施

（1）增设充气泵，保持培育水体中充足的溶解氧。

（2）浮游生物检测。检查水体透明度和浮游生物组成，透明度控制在 25~35cm，轮虫检查不低于 10 个/ml。

（3）根据培育池中浮游生物的组成，定期从饵料池中捞取浮游生物进行补充。

（4）根据幼水蛭生长阶段按时投喂新生螺和小幼螺。

三、培育方法

一般采用网箱培育和水泥池培育，网箱网眼密度为 60 目，网箱的大小为 10~20m²，宽 2~3m，高 1m；水泥池大小与网箱基本相同。

四、放养密度

（1）1 周内幼苗体重为 10~20mg/条，放养密度控制在 5000 条/m²。

（2）养殖 7~15 天幼苗体重为 50~200mg/条，分池时降低密度养殖，密度控制在 2000~3000 条/m²。

（3）养殖 15~25 天幼苗体重为 300~1000mg/条，分池后降低密度养殖，放养密度控制在 800~1000 条/m²。

（4）水蛭幼苗体重达到 1g/条以上时，开始按青年苗养殖标准分箱养殖。

五、喂养方法和水体调节要求

1. 宽体金线水蛭的培育

(1) 1周内幼苗投放前，培育网箱中投入成年螺 400 个/m^2 和浮游生物。幼水蛭养殖开始每 2 日换水 1/2，新鲜自然水和井水同等比例混合后补充进池，同时补充足量浮游生物，轮虫密度不低于 10 个/ml，24h 补充溶解氧。溶解氧不低于 5mg/L，水温最好控制在 22～28℃。

(2) 7～15 天幼苗养殖网箱中成年螺量为 400 个/m^2，同时每 7 日每 10m^2 补充新生幼螺 0.5kg。每 2 日换水 1/2，补充水为新鲜自然水和井水同等比例混合水，同时补充足量浮游生物，轮虫密度不低于 10 个/ml，24h 补充溶解氧。溶解氧不低于 5mg/L，水温最好控制在 22～28℃。

(3) 15～25 天幼苗养殖网箱中成年螺量为 400 个/m^2，同时每 4 日每 10m^2 补充新生幼螺 0.5kg。每日换水 1/2，补充的池水为新鲜自然水和井水同等比例混合水，同时补充足量的浮游生物，轮虫密度不低于 10 个/ml，24h 补充溶解氧。溶解氧不低于 5mg/L，水温最好控制在 22～28℃。在养殖过程中，可以逐步分出 1g/条以上青年苗到水泥池中单独养殖，水泥池中放养密度为 160 条/m^2。养殖方法按照按青年苗养殖方法养殖。

2. 医蛭培育

医蛭培育中除了供应足够的小螺蛳外，还要定期投放浮游生物，隔天供应动物的凝血块，保证幼蛭能够觅食到可口的饵料。如果小螺蛳供应紧张，可以专门繁殖福寿螺的幼螺供应，可以起到较好的效果。其他培育条件可以参考宽体金线水蛭培育。

六、日常管理

幼蛭培育的日常管理与成蛭养殖的日常管理基本相同。

第七章

水蛭标准化健康养殖的质量要求

第一节　健康养殖质量要求的意义

　　水蛭养殖是近几年发展起来的一种新型的养殖品种，除了近年来食用价值开发外，历年来主要用于中药的配伍和注射针剂的应用，因此在质量上比一般水产品的质量要求更严，如果发生质量事故，就是严重的医疗事故，可以直接危及患者的生命。因此，水蛭的安全生产比一般的水产养殖质量控制意义更大。

　　无公害水蛭生产应该执行双重标准，除了要执行无公害水产品生产外，还要执行医药生产标准，从两种要求上看，只要严格执行无公害水产品生产要求，就可以达到水蛭生产的医药质量要求。无公害水产品生产对水域环境、土质条件、苗种质量、生产用药、饲料质量等都有明确的规定，只有按照此标准进行生产，才能生产出无公害的黄鳝，才能顺利地进入市场销售。

第二节　环境要求

一、养殖场地的环境要求

　　养殖场地环境要符合 NY 5361—2010《无公害食品　淡水养殖产地环境条件》：生态环境良好，无或不直接接受工业"三废"及农业、城镇生活、医疗废弃物污染的水（地）域；养殖水域及上风向、灌溉水源上游没有对产地环境构成威胁的（包括工业"三废"、农业废弃物、医疗机构污水及废弃物、城市垃圾和生活污水等）污染源。

二、土质

利用池塘和稻田养殖水蛭的，还要注意无公害养殖对土壤的要求。土质以壤土最好，砂质壤土和黏质土次之，沙土最差。壤土透气性好，利于土壤气体交换；黏质土容易板结，用于筑埂较好；砂质壤土渗水性大，不易保水且容易崩塌。养殖池底应无工业废弃物和生活垃圾，无大型植物碎屑和动物尸体；底质无异色、异臭，自然结构。底质有毒有害物质残留含量应符合 NY 5361—2010《无公害食品　淡水养殖产地环境要求》中的规定（表 7-1）。

表 7-1　底质有毒有害物质最高限量

项目	指标/（mg/kg）	项目	指标/（mg/kg）
总汞	≤0.2	铬	≤80
镉	≤0.5	砷	≤20
铜	≤3.5	硫化物	≤300
铅	≤60		

稻田中种植稻谷本身要求有淤泥，池塘养殖后也会出现淤泥。淤泥过多，所含有机质就多，就会消耗大量氧气，容易造成缺氧，还会产生氨和硫化氢等有害气体，会影响水蛭的生长和生存。水蛭养殖水体，包括稻田、池塘、水库、沟渠、河流、塘堰等最适淤泥厚度为 15～25cm，这样既适合水蛭喜欢钻泥的习性，也不会因为淤泥过多的有机物带来危害。

三、水质

水蛭养殖要有充足的水源，良好的水质供应。因为养殖水蛭不同于自然水体的水蛭，养殖密度较高，投喂的饵料多，水蛭的排泄物也多，很容易造成水质恶化，需要及时补充和更换新水。水源以无污染的河水或湖水为好。这种水溶解氧较高，水质良好。井水也可作为水源，但水温和溶解氧量均较低。使用时可先将井水抽至一蓄水池中，让其自然曝气和升温，最少 3 天后进入池塘；切不可一次性大量加入井水进入水蛭养殖水体。加注井水的渠道要尽量长一些，这样可以最大限度地增加水中的溶氧。

水蛭养殖水体水质要求是，pH 值 6.5～8.5，溶氧量在连续24h 中，16h 大于 5mg/L，其余时间不低于 3mg/L，总硬度为89.25～142.8mg/L（以碳酸钙计），有机耗氧量在 30mg/L 以下，氨低于 0.1mmol/L，硫化氢不容许存在。工厂和矿山排出的废水没有经过分析和处理不宜作为水蛭养殖用水。水中有毒有害物质含量应符合《无公害食品 淡水养殖用水水质》要求（表 7-2）。

表 7-2　淡水养殖用水水质要求

项　　目	标准值	项　　目	标准值
色、臭、味	不得使养殖水体带有异色、异臭、异味	砷/(mg/L)	≤0.05
		氟化物/(mg/L)	≤1
总大肠菌群/(个/L)	≤5000	石油类/(mg/L)	≤0.05
汞/(mg/L)	≤0.0005	挥发性酚/(mg/L)	≤0.005
镉/(mg/L)	≤0.005	甲基对硫磷/(mg/L)	≤0.0005
铅/(mg/L)	≤0.05	马拉硫磷/(mg/L)	≤0.005
铬/(mg/L)	≤0.1	乐果/(mg/L)	≤0.1
铜/(mg/L)	≤0.01	六六六(丙体)/(mg/L)	≤0.002
锌/(mg/L)	≤0.1	滴滴涕/(mg/L)	≤0.001

第三节　饲料

水蛭养殖采用的饲料主要为动物血液、螺蛳、浮游生物、腐殖质、蚯蚓及水生昆虫等，虽然没有配合饲料在加工过程中的一些污染源，但这些生物饵料的生活环境、水域环境、运输工具和方法等，都要符合水产品无公害养殖中对渔用配合饲料的安全指标限量（表 7-3）。

表 7-3　渔用配合饲料的安全指标限量

项　　目	限量
铅(以 Pb 计)/(mg/kg)	≤5
汞(以 Hg 计)/(mg/kg)	≤0.5

项　目	限量
无机砷(以 As 计)/(mg/kg)	≤3
镉(以 Cd 计)/(mg/kg)	≤3
铬(以 Cr 计)/(mg/kg)	≤10
氟(以 F 计)/(mg/kg)	≤350
游离棉酚/(mg/kg)	≤300
氰化物/(mg/kg)	≤50
多氯联苯/(mg/kg)	≤0.3
异硫氰酸酯/(mg/kg)	≤500
噁唑烷硫酮/(mg/kg)	≤500
油脂酸钾(KOH)/(mg/kg)	≤2(育苗配合饲料)
	≤6(育成配合饲料)
黄曲霉毒素 B_1/(mg/kg)	≤0.01
六六六/(mg/kg)	≤0.3
沙门菌/(cfu/25g)	不得检出
滴滴涕/(mg/kg)	≤0.2
霉菌/(cfu/g)	≤3×10⁴

第四节　种苗

水蛭养殖跟鱼类养殖一样，苗种的质量是最根本的条件。苗种选择的好，就为养殖打好了基础。水蛭的苗种主要有两个来源：一个是人工繁殖的苗种，数量不大；另一个就是野生苗种，主要是靠人工野外捕捉。在水蛭苗种的收购中主要把握以下几个方面。

1. 捕捉方式

采用徒手捕捉，不得采用药捕、针刺、电捕等方式获得苗种及亲蛭。

2. 水蛭的品系

目前用于人工养殖的水蛭主要有医蛭和宽体金线蛭两种，其他品种目前还没有进行养殖。

3. 水蛭的外观判定

野生水蛭搜集除了选定讲究信誉的，相对固定的人和使用适合人工养殖的捕捞工具捕捞外，在接收水蛭时必须进行质量鉴定。质量鉴定最主要的就是外观鉴定，外观鉴定要根据一定的程序和一定的鉴别方法进行。首先对要接收的水蛭进行外观观察，看体表是否光滑、黏液是否丰富，看体表是否有外伤或者腐烂症状。体表光滑，用手触时马上收缩成团，有较强的逃避能力，手感硬朗有力，说明此水蛭比较健康；如果软弱无力，两端下垂，为不健康水蛭。用手触时，收缩缓慢，黏液很少，皮肤有一种粗糙感或者黏液特别多的水蛭都不是健康水蛭。体表有明显的外伤、腐烂症状和充满血丝的应该剔除。看肛门是否红肿（繁殖季节正常的生殖孔红肿除外），如果红肿，就应该剔除，然后用手从上至下轻轻挤压至肛门处，如果有脓出现，则也应该淘汰。

第五节　防病治病的药物控制

水蛭疾病的预防与治疗用药也应该遵循以不危害人类健康和不破坏水域环境的原则，坚持"以防为主，治疗为辅，防治结合"的方针。药物使用应该严格遵守国家有关规定，严禁使用未取得生产许可证、批准文号与没有生产标准的药品。提倡使用"三效"（高效、速效、长效）、"三小"（毒性小、副作用小、用量小）的药品。提倡生物防治和使用生物制品防治。提倡对症下药，禁止滥用药或者增大使用剂量和次数及延长用药时间的做法。在水蛭上市之前应该有一段时间的休药期。确保上市的水蛭药物残留量符合《无公害食品　水产品中渔药残留限量》要求（表7-4）。不得使用国家规定禁止使用的药物或添加剂。

表 7-4 《无公害食品 水产品中渔药残留限量》

药物类别		药物名称	指标(MPL)/(μg/kg)
抗生素类	四环素类	金霉素	100
		土霉素	100
		四环素	100
	氯霉素类	氯霉素	不得检出
		磺胺嘧啶	100(以总量计)
		磺胺甲基嘧啶	
		磺胺二甲基嘧啶	
		磺胺甲噁唑	
		甲氧苄啶	50
喹诺酮类		噁喹酸	300
硝基呋喃类		呋喃唑酮	不得检出
其他		己烯雌酚	不得检出
		喹乙醇	不得检出

淡水水产品中有毒有害物质限量见表 7-5。

表 7-5 淡水水产品中有毒有害物质限量

项 目	指 标
汞(以 Hg 计)/(mg/kg)	≤1(肉食性鱼类)
	≤0.5(其他鱼类)
甲基汞(以 Hg 计)/(mg/kg)	≤0.5
砷(以 As 计)/(mg/kg)	≤0.5
铅(以 Pb 计)/(mg/kg)	≤0.5
镉(以 Cd 计)/(mg/kg)	≤0.1
铜(以 Cu 计)/(mg/kg)	≤50
硒(以 Se 计)/(mg/kg)	≤1
氟(以 F 计)/(mg/kg)	≤2
铬(以 Cr 计)/(mg/kg)	≤2
甲醛	不得检出
六六六/(mg/kg)	≤2
滴滴涕/(mg/kg)	≤1

禁用渔药见表 7-6。

表 7-6　禁用渔药

药物名称	别　名	药物名称	别　名
地虫硫磷	大风雷	六六六	
林丹	丙体六六六	毒杀芬	氯化莰烯
滴滴涕		甘汞	
硝酸亚汞		醋酸汞	
呋喃丹	克百威、大扶农	杀虫脒	克死螨
双甲脒	二甲苯胺脒	氟氯氰菊酯	百树菊酯、百树得
氟氰戊菊酯	保好江乌、氟氰菊酯	五氯酚钠	
孔雀石绿	碱性绿、盐基块绿、孔雀绿	锥虫砷胺	
酒石酸锑钾		磺胺噻唑	消治龙
磺胺脒	磺胺胍	呋喃西林	呋喃新
呋喃唑酮	痢特灵	呋喃那斯	P-7138(实验名)
氯霉素(包括其盐、酯及制剂)		红霉素	
杆菌肽锌	枯草菌肽	泰乐菌素	
环丙沙星	环丙氟哌酸	阿伏帕星	阿伏霉素
喹乙醇	喹酰胺醇羟、乙喹氧	速达肥	苯硫哒唑氨、甲基甲酯
己烯雌酚(包括雌二醇等其他类似合成雌性激素)	乙芪酚、人造求偶素	甲基睾丸酮(包括丙酸睾丸素、去氢甲睾酮及其同化物等雌性激素)	甲睾酮、甲基睾酮

第六节　管理控制

无公害生产还体现在生产管理上，比如工具的消毒、工具的相互窜用、外来物品的管理、外来人员的管理、安全质量意识的教育等。要制定出相应的规章制度与管理措施，安排专门的人员负责管理。

➡ 第七节　暂养、运输控制

　　水蛭在准备销售时的暂养也是质量控制的一个环节，防止被动污染以及销售前的药物控制是必须注意的。在运输过程中的运输工具的污染控制，防伤、防冻、防缺氧等药物的应用，增加商品成色及增加活性的有关药物的应用等，都要严加控制，保证水蛭养殖的最后一个环节不出质量问题。

第八章

水蛭疾病防控

第一节　发病原因

　　水蛭在自然条件下，由于密度很小，水质条件优越，各个个体除在繁殖阶段，一般情况下都分散到了各个不同的生活范围内生活。这种最适宜的环境和空间使得很少有病原体侵害水蛭，所以很少发病。但是，在人工饲养的条件下，由于放养密度加大，水环境恶化，加之人工喂养可能造成的营养不平衡、疾病的传播、操作的伤害、条件病菌的致病等因素，使水蛭的发病率增加，甚至引起水蛭死亡。不管什么病，都有发病的原因，找出发病的原因是治病、防病的基础，只有找到原因才能进行预防和治疗。

一、自身原因

　　无论什么动物，只要自身健壮，就会减少疾病的发生。水蛭也是一样，体质好，摄食正常，对疾病的抵抗力就强；体质较差，抵抗力就弱，就容易生病。另外，由于遗传的原因，对某些疾病的抵抗力本身就弱，也容易染病。

二、环境原因

1. 池塘引起的原因

　　新建的池塘，一般病菌要少一些。长期养殖的池塘，如果清塘不彻底，池内腐殖质过多，给病原体繁殖侵染提供了条件，这样就容易得病。

2. 水质

　　水质对水生动物的影响非常大，因为水生动物长期生活在水中，水中各种因子的变化都会对其健康产生影响。水质的好坏直接影响到它们的健康和生命，可以说水质是引发水蛭疾病最重要的因素。池中有机质过多，微生物繁殖旺盛，在分解的过程中会消耗水中大量的氧气，同时释放硫化氢、甲烷、氨氮等有毒气体，会对水蛭产生影响。特别是气候发生变化时，加速水底有机质的分解，溶解氧的含量会更低，造成的危害就更大。有些微生物本身就是致病菌，在条件不合适时处于休眠状态，条件一旦合适就迅速大量繁殖，形成能够危害水蛭的种群密度，使水蛭身体受到伤害。除了溶氧、氨氮、硝酸盐氮等因素变化会对水蛭产生影响外，pH 值的变化也会引起疾病，在 pH 值高于 7.8，低于 6.2 时，水蛭容易得病。总之，水环境中每个因子的变化都会对水蛭造成一定的影响。

3. 水温

水蛭对水温的要求是有一定范围的，高于这个范围会引起水蛭不适，食欲减退，活动力下降，甚至发生死亡现象。低于这个范围，会产生冻伤，也会产生死亡。在适应范围内，水温的变化较大时，也会对水蛭产生影响，引发感冒等疾病。

4. 放养密度

在自然条件下水蛭很少得病，其主要原因就是密度小。因为放养密度的加大产生疾病是所有水产养殖品种的共同特点，密度的增加，水蛭分泌物和排泄物就会增加，使得水质变坏，会使致病菌的繁殖加快，水蛭获得感染的概率增加，另外，密度过大，摄食不足，营养缺乏，对病害的抵抗力减弱，更容易得病。

5. 放养规格

在自然条件下，活动空间大，在觅食时大小水蛭都有各自的空间和躲避敌害的本能反应，尽管食物较少，但大小水蛭之间不会相互影响。在人工喂养的条件下，如果放养规格不一致，大的抢食能力强，生长速度就快；小的抢食能力弱，甚至不敢抢食，每次等到大的吃饱后剩下的才能吃到，有时还没有吃到，总是处在一个饥饿或半饥饿状态，体质就会下降，对疾病的抵抗力也会下降，容易发生疾病。

6. 溶氧

溶氧是水产养殖中衡量水质最重要的指标，水蛭虽然对水中溶氧忍受力强，但优良的水质，丰富的溶氧对水蛭生长是至关重要的。所以，在养殖过程中，应该勤换水，保证水中溶氧在安全范围内。如果水质恶化，溶氧降低，就会引起水蛭疾病的发生和死亡。

7. 其他化学物质

几乎所有的化学物质对水蛭都有影响，水中的 pH 值、氨氮、亚硝酸盐氮、硫化氢、甲烷等有毒物质都会对水蛭产生影响，特别是在水中溶氧较低时，危害更大。

三、操作原因

主要是在捕捞、挑选、运输、放养、洗池等或无意识的伤害，由于操作不慎或者野蛮操作，造成水蛭受外伤或者内伤，给病原体感染提供了机会。

四、饲料原因

饲养产生的疾病主要是因为在饲料管理中，管理不当，使病原体被带入或误食造成的。如果投喂的饲料变质就会引起疾病。另外，饲料的投多投少、残食的清洗、工具的消毒不彻底或者把在已染病的池中用过的工具拿到没有染病的池中使用等都会引发疾病。

五、生物因素

客观地讲，除了环境因子、药物因子导致的疾病，一般的致病因素都是生物因素，如细菌、病毒、真菌、寄生虫等都是生物。一些大型的生物如凶猛性鱼类、蛙类、水蛇、老鼠、水鸟、猫、水生昆虫等敌害也会直接或间接危害水蛭。另外，水质变化而引起水中某类植物大量繁殖也会引起某些特异性的疾病发生。

→ 第二节　预防措施

一、加强亲蛭选择

优良品系的水蛭繁殖的后代对外界的适应能力、对疾病的抵抗力、生长速度都优于其他亲蛭繁殖的后代，这是众所周知的，也是水产苗种生产的基本要求。这就要求我们在有条件的情况下，一定要选择优良品系的水蛭进行繁殖，保证苗种的质量。

二、选择优质蛭种

苗种质量好坏直接影响到养殖的成活率。好的苗种，体质健壮，规格整齐，摄食旺盛，得病率低，成活率就高，生长速度快，经济效益显著。质量差的苗种，体格瘦小，规格不齐，活动能力差，摄食力不强，生长缓慢，容易得病，成活率低。对于苗种质量的把握还要注意优良品种的选择，保证了苗种的质量，也就给养殖效益提供了保证。

三、做好放养前的准备

（一）养殖池的消毒

池塘的清塘消毒是每年都要进行的。根据各个养殖阶段的要求不同，清塘消毒的时间不同。消毒一般选用生石灰和漂白粉为好，也可以选择其他市售药品。生石灰的用量和使用方法是，池水保持水深 7～10cm，每平方米用生石灰 50～75g。先将生石灰化水全池泼洒，1～2 天后用泥耙把塘泥耙一遍，7～10 天以后就可以进水。漂白粉的用量为 $7～15g/m^2$，全池泼洒即可。也可用生石灰漂白粉混合清塘，每平方米的用量为生石灰 50g、漂白粉 8g，混合使用。除此以外，在养殖过程中也要进行消毒，每隔 1～2 个月用 0.8mg/L 漂白粉全池泼洒 1 次，杀灭池中有害病菌，能够有效地预防疾病的发生。

（二）蛭体消毒

蛭体消毒也可以分两个部分进行，一个是在水蛭放养之前进行药浴，蛭体消毒，另一个是养殖过程中进行蛭体消毒。常用的药物有漂白粉、硫酸铜、高锰酸钾、食盐等。具体用法如下。

1. 漂白粉

每立方米水体加入 10～20g 漂白粉（有效氯含量为 30%），搅拌均匀，将水蛭放入浸泡。消毒时间视水温高低和水蛭的忍受力而定。如果水蛭浸泡时反应敏感，时间应该缩短，反之可以适当加长。此法可以防止细菌性皮肤病的发生。

2. 硫酸铜

浓度为 8ml/L，同样根据蛭体的反应情况掌握时间。通过浸泡，可以杀灭或者使寄生虫从水蛭身体上脱落。

3. 漂白粉、硫酸铜合剂

每立方米水体用漂白粉 10g、硫酸铜 8g，各自溶解后均匀合并。此合剂具有杀菌、杀寄生虫的功效。

4. 高锰酸钾

用 10～20mg/L 高锰酸钾溶液浸泡水蛭，浸泡过程中防止阳光直射。此法用于预防水霉病和细菌性疾病。

5. 敌百虫

用 2mg/L 敌百虫溶液（90％的晶体）浸泡 10～15min。此法用于杀灭附着在水蛭表皮的寄生虫。

6. 食盐

用 1％～3％的食盐溶液浸泡 5min，可杀灭黏附在水蛭体表的寄生虫和水霉等。

在进行蛭体消毒时，必须根据水蛭所带菌种和药物来源而定。一般水蛭所带菌体比较难以确定，要请有经验的技术员进行目检或镜检，或者做必要的病理调查，确定用药种类，然后根据药品来源来确定用药，这种选择主要是怀疑苗种感染了某种病菌才进行有针对性的消毒，一般都是选择容易得到、效果好的作为选用原则。消毒的时间应该灵活掌握，水温高，时间短一些，水温低，时间长一些；水蛭反应激烈，时间短一些，而且要马上结束浸泡，水蛭反应平和，时间可以稍微长一些。浸泡后，受伤的部位有药品浸入，能够起到杀菌杀虫消毒的作用，机体在受到药物刺激后，自然分泌黏液把药物保护在患处，达到对致病菌持续性的杀灭，浸泡过程中不宜用手或工具触动水蛭，防止患处黏液脱黏影响消毒效果。浸泡结束后应该连同药液一起倒入养殖池，不宜用工具捞起再放入养殖池，再采用加水换水的方法稀释药液，防止消毒时间过长对水蛭产生不良影响。消毒完后不用工具捞水蛭下池的理由是药液进入患处后，黏液形成了保护层，药物不容易被水稀释而形成对病菌的持续性杀灭，如果再用手或工具翻动水蛭，黏液层就会从患处脱落，药液就会溶入水中，起不到理想的预防效果。

四、谨慎操作

蛭病的发生，绝大多数是因为蛭体有伤而感染病菌，如果没有伤，可以避免许多疾病的发生。伤口的发生绝大多数是因为操作不慎造成的，少数是有害动物的伤害造成的伤口。没有伤口，病菌不可能侵入。所以，如果我们在捕捞、暂养、运输等操作过程中，规范操作，减少水蛭表皮的擦伤，有效地防止有害动物的伤害就可以减少疾病。

五、净化水源

水是所有病害的传播体，也是水蛭生存的基础。在一般水体中，有许多致病因子，只是因为这些致病因子的密度没有达到伤害水蛭的密度，或者说水质条件不适合致病菌繁殖，致病菌形成不了对水蛭的威胁。好的水质条件，致病菌的相对密度较小，一旦水质条件发生了变化，适合某种致病菌的繁殖就会对水蛭健康产生巨大威胁，甚至形成爆发性的病害。所以，定期对水体消毒是预防疾病发生的有效办法。除了净化水源外，在养殖池的设计上，尽量少用串联的方式，防止蛭病相互之间传染，如果发现蛭病，要对发病池进行隔离，严防病池水流入其他养殖池，并对病池进行有效的消毒。

六、工具分离与消毒

规范的养殖，各个养殖池使用的工具应该分开使用，但是，在实际工作中不可能这样严格，如果工具在有病的养殖池中用过，就必须消毒，防止相互传染。消毒方法如下。

（1）用 10mg/L 的高锰酸钾浸泡 30min。

（2）用 1％～3％烧碱溶液趁热洗刷用具，然后用清水洗净、晾干。

（3）可用 5％的漂白粉或 10％～20％的石灰乳对养殖池地、仓库、办公室等泼洒。

（4）用含量为 98％以上的冰醋酸，每立方米用量为 100mL，如果含量为 80%，用量为 120mL，紧闭门窗，把所有工具熏蒸数小时。

（5）用 5% 的食盐水浸泡工具 1 天，用清水洗净、晾干。

七、病蛭分离

水蛭一旦发生疾病，传染性较强，危害性也较大，不容易用药，不容易治疗，这是水生动物疾病防控的特点之一，如果发现蛭病，要立即隔离，最好对发现蛭病的养殖池进行 1 次消毒，全池泼洒 0.8～1mg/L 的漂白粉，严重时要对整个养殖单元进行隔离，甚至对发病的养殖单元周围的几个养殖单元进行隔离，防止病害进一步传播。

八、药物预防

药物预防主要有三种方法：一是定期进行药饵的投喂，这种内服的方式既可以对水蛭体内疾病进行防治，也可以加强水蛭对体表疾病的抵抗力；二是定期进行药物消毒，比方说定期对水体进行漂白粉全池泼洒，也可以达到预防的效果；三是在养殖单元的水流上游挂上药袋，随着水体的流动，药袋中药物慢慢溶解到水中，也可以达到预防的目的。水蛭有它的特殊性，宽体金线蛭的饵料为天然活饵料或者是浮游生物，给药有一定的困难，只能采用水体消毒的方式；医蛭则可以借助投喂凝血块时给药。

九、科学投饵

水蛭的体质好，生长速度就快，成活率就高。水蛭体质的好坏不能完全靠苗种的质量，后天培养也是很重要的。在喂养过程中，注意饲料的各种营养物质的平衡，根据季节进行科学的喂养，做到勤换水、保持好的水质环境等，都是提高水蛭体质的有效办法。有了好的体质，水蛭就摄食力强，生长速度快；反之，就容易得病，死亡率就高。

十、及时清理食场

残渣剩饲往往是滋生病原体的场所，必须彻底清除，并对食场或食台进行消毒。

十一、及时加水换水

水环境的好坏直接影响到水蛭的生长，保持水质良好的最佳办法就是及时换水、加水，按照换水、加水要求进行定时换水、加水。

十二、及时增氧

高密度的养殖池塘中的溶氧，只靠植物的光合作用产生的氧气和空气动力溶解的氧气是不能满足水蛭对溶氧的要求的。如果溶氧不足，不仅会因缺氧影响水蛭生长，甚至死亡，还会引发某些疾病。所以，及时加水、换水也是改良水环境，减少疾病发生的有效预防措施之一。

十三、搞好日常管理

日常管理也是预防疾病发生的有效措施之一，日常管理的内容就是及时发现问题、解决问题，把问题处理在萌芽状态，不让事态进一步发展。比如观察水蛭的活动、吃食情况，就可以了解水蛭的健康状况；及时清理残饵、植物的腐败枝叶就可以防止水质变坏；捕杀有害动物可以保证水蛭的成活率，减少对水蛭的伤害等，日常管理实际上是一个养殖的细节问题，与其他工作一样，管理细节也决定着养殖的成败。

十四、生态预防

生态预防是一种最理想的预防方式，也是保证水产品质量的重要措施。是根据水蛭的发病特点和生活习性，对水环境进行改善来达到预防发病和控制病情的方法。生态防治目前归纳为以下几个方面。

1. 改善水环境，消除和抑制病原体

水是病原体最大的载体，底泥是病原体的保护伞，这些病原体在一般情况下不会对水蛭产生危害，一旦条件合适就会形成危害，比如水蛭受伤，就会感染细菌，水质变坏就会产生爆发性细菌性或

寄生虫疾病。所以，良好水质的保持是最有效的预防疾病的措施。改善水生态环境主要包括养殖池底质整理消毒和水质调控。底质整理消毒包括对养殖池过多底泥的清理、池边杂草的清除、进排水系统的分离、池底的晾晒、池埂的加固夯实、池塘的清塘消毒和新修水泥池的脱碱处理等。通过这些工作，可以铲除病原体的滋生场所，减少有毒物的毒害作用。

2. 改善饲养管理，提高水蛭抗病能力

水蛭的疾病发生另外一种感染途径就是饲料的投喂。如生物活饵料不消毒可以造成消化系统疾病发生；营养过剩、投喂过剩可以产生脂肪肝；不规范操作、没有及时清除残食、没有清理杂草腐败枝叶就会引发细菌性疾病等，这些都是引起水蛭疾病的隐患。因此，在养殖中，应根据水蛭的生态习性，制订一个科学的喂养方案，遵循"四定""四看"的科学投饲原则，科学管理，提高水蛭的体质，增强抗病能力，达到预防的效果。

3. 改变养殖形式

不同的养殖形式有不同的放养方式，在不同的放养方式下会产生不同的养殖效果。一般来讲，生态养殖的产量低很多，但疾病发生率要低一些，品质也要比高密度养殖条件下的品种好得多。高密度养殖形式下，密度高，水质变化快，疾病发生的可能性增大许多，但因为它的高产、高效益致使它还是目前的主要养殖方式，在条件许可的情况下，改变养殖形式是有效的预防措施。

4. 减少放养密度

密度是产生水蛭疾病的根源之一，高密度条件下发生疾病的概率要比低密度条件下高得多，这是不争的事实。适当减少放养密度可以降低水蛭疾病的发生率。

5. 中药预防

药物防治可以有效减少水蛭疾病发生率，化学药物的使用，会对水环境产生一定的影响，不是生态防治的范畴。但是，中药预防不会对水环境及水蛭的品质产生影响。中药防治是我国水生动物病害防治的一个重要手段，也是一种有效的生态防治方法。

6. 阻止病原体传播

有些病原体通过中间寄主传播，有的因为受到有害动物的攻击受伤后细菌感染得病，如受到鸟、老鼠攻击受伤等。对鸟类的驱赶、老鼠的捕杀都可以有效地阻止病害的发生。

第三节　诊断方法

　　水蛭的疾病诊断与鱼类的疾病诊断一样，不能只看疾病的表面现象，特别是某些具有传染性的疾病。水蛭疾病诊断要全面了解疾病发生的过程、周围环境、水源水质状况、底泥情况、生产管理、饲料管理与投喂、药物的使用、工具的使用、苗种来源等，特别是水质状况尤为重要，因为如果水源水质出现问题，疾病的治疗困难就大了。对于疾病的诊断，主要从以下几个方面进行调查。

一、环境调查

　　环境调查主要是了解附近有没有三废污染。如污水的进入，不仅会引发化学物质的中毒反应，还会导致某些养殖事故的发生，如有机废水的排入，可以引起水质变坏。废渣的堆放，可以通过雨水的冲刷进入养殖池，形成对水蛭的危害。还有农田的农药径流水进入池塘也会引发不良反应。如果周围空气中二氧化碳和二氧化硫含量过多，就会产生酸雨，引起池塘 pH 值下降，形成对水蛭的危害。总之，通过对周围环境的调查，可以区分是疾病造成的危害，还是污染事故或者是养殖事故等。

二、水源水质

　　任何疾病的发生都有其产生的根源，其中水源、水质就是最大的根源，绝大多数疾病都是因为水造成的，比如污染，要通过水的传播；细菌性疾病，可以通过水传播，也可以在水质变化时使条件性致病菌得以迅速繁殖形成对水蛭的危害；寄生虫病也是一样，一般情况下寄生虫的数量没有达到致病数量，因而不会对水蛭产生危害，但如果水质产生变化，条件适宜就会大量繁殖，形成对水蛭的威胁，甚至出现爆发性危害。因此，在疾病发生时，要调查疾病发生水域的水源情况、水质变化情况、天气情况、水温情况、药物使用情况等。

三、饵料

饵料是水蛭肠道疾病发生的主要致病因子，饵料的质量、饵料的投喂方式等都是调查的内容。腐败的饵料被水蛭摄取后，会直接引起肠道疾病的发生；投喂方式可以使水蛭少食、多食或不食，投喂时间不对、个体大小不一、投饵不足都可以造成对水蛭健康的影响。

四、日常管理调查

了解日常管理工作可以从中找出疾病发生的原因。日常管理是最能发现问题的过程，水蛭活动情况、吃食情况、水质变化情况、水源情况、水温变化、天气情况、水流情况、底质变化、投喂方式、周围环境变化、操作方式、工具使用情况、药物使用情况、换水加水情况、水生植物情况等都是在日常管理中要掌握的，通过对这些情况的了解来帮助我们对疾病进行判断。

五、周围发病调查

如果疾病的发病率较高、传染性较强、传播面积较广，就应该对发病的周围环境进行调查，特别是周围水域的发病情况调查，如水源水质变化情况、天气情况、水温变化情况等，并结合季节性疾病的发生情况进行综合分析，可以使疾病的诊断得到一定的支持。

六、发病历史调查

有的疾病是每年都要发生的，特别是一些季节性疾病，在每年相同的季节、相同的天气条件下就会发生。在进行疾病诊断时，要对相同病症的发病历史进行调查，了解以前类似疾病发生的时间、原因、治疗方式、治疗效果等，如果与以往的疾病表现相同，就可以大大缩短疾病判断的时间并参考以往的诊断得出正确的判断。

七、病理过程调查

病理过程调查是指疾病发展整个过程的调查。即发病前水蛭的一切情况，包括水源、水质、水温、天气、底质、活动情况、吃食情况等，发病开始时的环境条件变化、自身的身体变化，如吃食情况、活动情况等有没有与原来有所不同，身体有没有出现异常现象等。发病中期的变化情况、病理反应、各种症状等。后期如发现鱼类死亡，死亡多少、具体症状，以及初步治疗效果等。整个病理反应过程的调查，是进一步治疗的重要依据。

八、病理诊断

水蛭疾病的诊断方法与鱼类疾病的诊断方法基本相同，实际工作中最主要的还是靠目检，或者首先通过目检确定疾病的大致范围，最后通过仪器进一步确诊。水蛭疾病的诊断主要看发病部位。一些体表的疾病会通过体表的变化反映疾病的情况，这些病可以在早期发现，一些内脏或营养性疾病也可以通过体表的变化来判断，但离发病伊始已经很久，对疾病的治疗会增加一些难度。发病部位主要在体表、内脏、口腔、肛门等，主要表现在溃烂、充血、出血、流脓、附着物、消瘦、肿胀等，有的还可以直接观察到病原体，如寄生虫。只有正确地对病症进行了诊断，才能对症下药。水蛭疾病的诊断主要有以下几个步骤。

1. 病害的划分

造成不良反应及死亡的原因很多，但不一定都是疾病引起的。引起水蛭死亡的原因大致可以分为疾病死亡、中毒死亡、伤害死亡，通过现场的观察首先加以区分，划分死亡原因。虽然都能引起水蛭死亡，但它们之间有很大的区别，可以通过这些区别进行划分。具体区分方法如下。

（1）疾病有很明显的病症，符合有关的病理特征，数量可以根据病情的轻重反映，病症较轻时，数量较少，病症也不明显，数量较多时，病症明显，数量也较多，而且有死亡现象，死亡的时间参差不齐，而且随着病情的扩大和加重愈发严重。

（2）中毒反应基本上所有水生动物都有反应，不管是水蛭还是其他水生动物，不管是个体大的，还是个体小的。数量上要看中毒的轻重，中毒轻，反应较少。而且首先从苗种开始，无论什么苗种，都是一样的，死亡的也首先是苗种，同时可以看到其他水生动物也开始死亡，包括浮游动物。中毒反应尽管也表现有症状，但症状因毒物的种类不同反应不同，这些反应不是个体反应，而是群体反应，不是种内反应，而是种间反应。也会出现溃烂、充血、出血、附着物、消瘦、肿胀等反应，但大都发生在中毒较轻、中毒时间长的情况下。一般中毒反应分为慢性反应、亚急性反应、急性反应。慢性反应，一般中毒时间长，毒物浓度低，这种现象可以延续很长时间，并伴有中毒症状，死亡现象因为各个个体的体质不一样、大小不同，拖的时间较长。亚急性反应伴有轻度不适，也会出现一些症状，整个反应时间也比较长，出现死亡的时间比慢性反应短，死亡的个体也较多。急性反应使水蛭有明显的不适，因毒物不同出现不同的行为反应，出现死亡的时间短，死亡数量多，死亡个体还没来得急出现症状就已经死亡。

（3）**伤害死亡**　主要是外力作用造成的，有的因为作用力度大直接死亡，有的因为较轻受伤后受细菌感染得病死亡，或出现其他疾病的病症。出现死亡的数量因为不同的方式数量不同，如因为电击死亡的，数量就较多，无论大小，而且其他水生动物也一样死亡，死亡个体也来不及出现明显的死亡症状，有时死亡的个体会在清水中慢慢苏醒过来。其他的伤害死亡，如操作伤害、鸟伤、鼠伤等数量较少，基本上是个体反应，症状可以通过伤口进行判断。

2. 现场调查

现场调查的内容包括详细了解水蛭的生长情况，周围的环境，水源、水质变化；查看有关的物件，比如饵料、养殖池状况等。观察病蛭的病理表现特征。首先观察病蛭在水中的活动情况，如体质弱小、离群独游、活动缓慢、在水中表现出不安状态，围绕这些现象进行必要的调查，如进苗时间、天气、地方、运输情况、操作情况、饵料情况、管理情况等。

3. 蛭体观察

蛭体观察主要从两个方面观察：一个是取患病没死的个体数条观察；另一个是取刚死亡的个体数条进行观察，并对照分析比较。观察的顺序为从头到尾，从体表看到体内，有没有大型的寄生虫或水霉等；看口腔内有没有出血、充血、腐烂；看体表出血、充血、溃烂的部位、多少、形状、溃烂的程度；看整个身体的颜色；肛门是否红肿、充血、出血、外翻；轻压腹部肛门是否有流出物，流出物的颜色、内容等，根据这些情况，可以初步判断疾病的种类。

4. 解剖观察

解剖检查的目的是查看病蛭内脏情况。主要检查肠道是否有食物、食物的多少、食物的种类、脓、寄生虫及肠道的颜色，是否有充血、出血现象，看肝、脾、胰等内脏的颜色，是否积水、充血、出血、肿大等，看胸腔、腹腔是否有积水等。

5. 镜检

镜检是通过前几步的工作，得出一个基本诊断结论，再通过镜检进一步核实。通过显微镜、解剖镜及放大镜对体表、黏液、内脏等观察，确定病原体。通过这一步后，就可以确定患病水蛭所得疾病。一般来讲，镜检主要是对寄生虫确诊，通过镜检确定是何种寄生虫，寄生虫的数量，如果是寄生虫就可以最后确诊了。

6. 实验室检验

实验室检验主要是病理切片和病菌活体培养以及水质化验。病理切片和病菌活体培养主要针对并发细菌性、病毒性疾病进行确诊，通过病理切片和病菌活体培养分离或判断主要致病菌，然后进行对症下药。病理切片和病菌活体培养还有另外一个用途就是对新型病原体的研究与分析，并在实验室内进行有关的病理实验和研究治疗。水质化验也有两个方面的意义：一个是对水体中寄生虫的密度进行判断；另外就是对水质进行化验分析，结合水质情况对疾病进行综合整治。

7. 其他情况的了解

确诊了疾病后，还要进行有关的询问，询问的内容围绕诊断结论进行，通过询问，规范操作、规范管理，预防病害的再度发生。

8. 治疗方案

根据以上情况，给出治疗的综合措施，并指出造成疾病发生的原因、今后预防的措施等。

9. 观察治疗效果

方案确定后，要督促实施，没有条件督促的要进行回访或回询，了解治疗效果，如果效果不理想，应该修改方案，直到治愈为止。

第四节　正确的药品选择与使用方法

一、正确的药品选择原则

1. 有效性

对于疾病的治疗与预防，治疗效果是最终目的，同样的疾病，有多种药品可以治疗，同样药品也可以治疗多种疾病，但最好的选择只有一个，就是比较它们的有效性，即治疗与预防效果，以最好效果为最佳选择。这种选择不能完全凭实验效果，要结合以往的经验和用药的实际环境、天气、水温、蛭体大小、养殖形式以及用药历史等，选择的药品还应该保证药物符合 NY 5071—2002《无公害食品　渔用药物使用准则》，尽量选择高效、速效和长效的药物。

2. 安全性

药品的安全性是必须考虑的，根据食品安全的有关规定，使用的药品必须符合无残留、无富集、无副作用、易分解、半衰期短等要求。选择药品的安全性应该从两个方面考虑，一是看药品对所防治疾病的疗效，另外，还要考虑药品的副作用。有的药品虽然有较好的疗效，但副作用大，对水蛭安全性低，有残留，有积累，这种药要尽量少用或不用。二是看药品对人类、环境的影响，如果使用的药品对施药人员的身体有伤害，对环境有破坏作用，影响到了人们的身体健康，这样的药不应该选择。为了提高我国水产品的质量，提高人们食用水产品的安全性，农业部在 2002 年制定颁布了 NY 5071—2002《无公害食品　渔用药物使用准则》和 NY 5070—2002《无公害食品　水产品中渔药残留限量》，在选择药品时必须严格遵照执行。

3. 廉价性

具有同样疗效的药品很多，但销售价格有所不同，作为养殖者，养殖效果是第一位的，养殖成本是必须考虑的，所以，在选择防治疾病的药品时也必须考虑药品的价格，疗效好、价格便宜的药品无疑是首先考虑选择的药品。

4. 易得性

虽然现在药品销售网络很发达，但有些药品还是会出现断货现象，有些药品治疗效果虽然很好，但是无法马上得到，就不能作为我们选择的目标。治疗疾病讲究实效，如果因为选择的药品等待太久而错过了最佳治疗时间，是没有必要的。所以，在选择药品时也应该考虑药品的供应情况。

二、使用方法

药品的使用方法有许多种，要针对不同的疾病选择不同的使用方法，常用的使用方法如下。

1. 全池泼洒

全池泼洒是一种体外使用药物的方法，适用于水体消毒杀菌和水体寄生虫的杀灭。由于水产养殖的特异性，养殖品种终身生活在水中，呼吸也在水中，所以在进行全池泼洒时，应该考虑水产养殖的特殊性，在泼洒前要先喂食，让水蛭吃完后再泼洒药物，避免药物通过食物带入体内引发中毒现象。对于不容易溶解的药物应先充分溶解后再泼洒。泼洒的时间应在晴天的上午 9～10 时，泼洒时，应从上风往下风处泼洒，目的是使池塘中药液均匀和防止施药的人意外中毒，泼洒时计算好药量，做到均匀泼洒，使全池每个角落都有药物，不留死角。

2. 内服

传统的内服药适用于体内病毒、细菌和体内寄生虫的杀灭。现在的内服药使用可以治疗或预防体外疾病的发生。在水蛭养殖中使用内服药治疗疾病与其他养殖动物的内服用药不同，如猪、羊、牛、鸡、鸭、鹅等相对数量较少，可以采用强制性给药，而水蛭及鱼类，染病后基本不进食，由于在水中，看不见、摸不着，还不能离水，数量大，给内服用药增加了许多麻烦。另外，药品进入水中还会溶解一部分到水中，所以，水蛭内服药与传统的内服用药要有所不同。投喂口服药前，应先停食 1 天，让水蛭处于饥饿状态。把药品注入饵料中，这样药品才会比较多的进入水蛭体内，达到治疗的效果。待恢复健康后恢复正常投喂量。另外，水蛭的食性较窄，目前还没有研究出人工配合饲料，在内服药的使用上还存在很大的困难，特别是宽体金线蛭，基本没有通过食物给药的可能；医蛭可以通过投喂凝血块的时候给药，以达到内服的作用。

3. 浸泡消毒

浸泡消毒适用于苗种放养前或转池时使用，也适合养殖过程中因疾病进行隔离养殖的个体，另外，水泥池在养殖之前或网箱在养殖之前以及工具也要进行药物浸泡。药物浸泡的目的是为了杀灭水蛭体表致病菌或寄生虫，杀灭养殖设备及工具中携带的致病病原体。对于一些不适宜全池泼洒的昂贵药品，或者毒性大，容易引起水环境污染或食品安全问题的药品也可以采用此法。浸泡时除了要算准给药浓度外，还要对浸泡时间灵活掌握，防止浸泡过程中出现中毒或死亡现象。

4. 挂袋法

挂袋法是一种常见的预防方式，适用于防治水蛭体表细菌性疾病、寄生于体表的寄生虫。挂袋法是利用药物的缓慢扩散而发挥作用。悬挂的地方一般在食场附近、进水口附近和水蛭活动集中的地方。

5. 涂擦法

对于一些个体较大的个体，如亲蛭的外伤，可以采用涂抹药膏的方法防治细菌感染和病情恶化。

第五节 疾病介绍

一、干枯病

1. 病因
因温度过高而引起。

2. 病症
水蛭在水温 32℃时开始食欲减退，水温 40～45℃时出现死亡。在此水温状态下，患病水蛭食欲不振，活动力下降，少活动或者静卧不动，身体慢慢消瘦，活动无力，身体逐渐干瘪，失水萎缩，全身发黑。在池塘周围产卵台上的水蛭，如果没有搭遮阳棚，就会因温度过高，湿度较小而导致水蛭脱水，引发此病。

3. 防治方法

（1）将病蛭放入 1%～2% 的食盐水中浸洗，每日 2 次，每次 10min。

（2）采用搭建凉棚的方法降低水温，可减缓疾病的发展。也可在水面养殖水葫芦，池内多放一些木板、树枝、竹排等供水蛭栖息。

（3）把池中的水换掉 1/3，新加进水的水温要比池中的水低 3～5℃，加水、换水后水温下降 2～3℃后，让水蛭适应 1 天左右，再加水、换水，一直到池塘水温降至水蛭养殖的正常范围内。

（4）可以添加井水降温。

二、白点病

1. 病因

由原生动物多子小瓜虫引起。此病的发生与水温、水质有关，当池中食物残渣过多腐烂变质，造成水质变坏，水温在 26℃ 以下，多子小瓜虫（图 8-1）会在 1～2 天迅速繁殖，形成能够危害水蛭的种群。

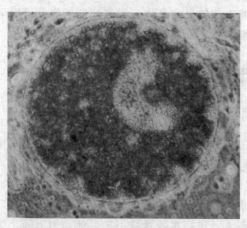

图 8-1　小瓜虫形态图

2. 病症

当幼虫进入皮肤后，患病水蛭开始急躁不安，体表形成一个个白色小脓包。肉眼可见一个个白色小点，故称"白点病"。水蛭运动不灵活，游动时身体不能平衡、厌食，身体消瘦，呼吸困难，慢慢消瘦而亡。

3. 防治方法

（1）用 2mg/L 硝酸汞浸洗患病水蛭，每次 30min，每日 2 次。

（2）定期用漂白粉消毒池水，一般每月 1～2 次。

（3）用生石灰彻底清塘，防止幼虫感染。

（4）硫酸铜（0.5mg/L）和硫酸亚铁（0.2mg/L）合剂全池泼洒。

（5）高锰酸钾，一次量 10～20g/m³，蛭种放养前，浸浴 15～30min。

（6）用 200～240mg/L 冰醋酸浸泡。

三、胃肠炎

1. 病因

由于吃了变质食物或难以消化的食物引起。此病的发生有两种原因：一是食物变质引发细菌感染，导致肠炎病；另一种原因是吃了难以消化的食物或暴食引发消化不良。

2. 病症

患病水蛭游动缓慢、体色发黑、食欲减退以致完全不吃食等。疾病早期肠壁局部充血发炎，胃肠内没有食物或仅在肠后段有少量食物，肠道黏液较多；疾病后期全肠呈红色，肠壁的弹性差，肠内没有食物，有淡黄色黏液，肛门红肿。严重时还可出现腹部膨大，腹腔内积有淡黄色腹水，腹壁有红斑，整个肠壁因瘀血而呈紫红色，肠道内黏液很多。

3. 防治方法

（1）用 0.4％磺胺脒唑与饵料混匀后投喂。

（2）用 0.2％土霉素或 1～2g 百扬净拌料投喂（限于医蛭）。

（3）彻底清塘消毒，保持水质清洁。严格执行"四消""四定""四看"措施。投喂新鲜饲料，不喂变质饲料，是预防此病的关键。

（4）发病季节，每隔半月用漂白粉或生石灰在食场及周围或全池泼洒消毒。

（5）拌饲投喂氟哌酸 10～30mg/(kg·天)，连喂 3～5 天（限于医蛭）。

（6）每千克饲料中拌入痢特灵 8～10 片，或庆大霉素针剂 2 只，每天早、晚各喂 1 次，连喂 3 天（限于医蛭）。

（7）将 0.2％土霉素或 0.4％链霉素加入饲料中投喂（限于医蛭）。

四、单房簇虫病

1. 病因

由原生动物单房簇虫寄生引起的。

2. 病症

患病的水蛭腹部出现硬块，硬性肿块有时呈对称排列。经解剖，为精巢肿大，是由单房簇虫寄生引起的。

3. 防治方法

目前只能按照一般体内寄生虫的方法治疗，主要采用内服、外用的方法，效果不太明显。

据报道，蚯蚓的雄性生殖腺内常有大量的单房簇虫寄生，可能是蚯蚓传染所致，可以在池塘四周经常撒一些生石灰粉以有效组织蚯蚓到达池边。

五、水霉病

1. 病因

由水蛭外伤引发的霉菌感染。

2. 症状

此病一般在水温 22℃ 以下发生的多一些。水霉菌初寄生时，肉眼看不出异状，随着疾病发展到肉眼能看到时，水霉已从体内向外生长成棉絮状菌丝。随着病灶面积的扩大，蛭体负担过重，活动失常，焦躁不安，食欲减退，直到肌肉腐烂，最后瘦弱而死。

3. 防治方法

（1）用 0.19～0.23kg/m³ 的生石灰清塘。

（2）在操作过程中，尽量避免蛭体受伤。

（3）水蛭下塘前，用浓度为 1‰～3‰ 的食盐水溶液消毒 5～

10min，并掌握合理的放养密度。

（4）用硫醚沙星，每100ml原液用20kg水稀释后全池泼洒。病情较轻时，用100ml/（667m² · m）（1m深）原液兑20kg水稀释后全池泼洒一次；若病情较重，可连用2天。

六、水蛭的天敌防治

1. 老鼠、黄鼬

老鼠（图8-2）、黄鼬对幼蛭及成蛭都有伤害，特别是对卵茧的伤害和越冬水蛭的伤害最为严重。可以通过加固池埂，堵塞鼠洞，并在池塘四周安放捕鼠夹、捕鼠笼以及捕鼠电器等来防治。

图8-2　老鼠

图8-3　水蛇

2. 蛇

水蛇（图8-3）对水蛭的各个阶段都有危害，特别是对产卵床上的卵茧危害最大。可以通过堵塞蛇洞，加固隔离网，并用竹棍将池内水蛇移走来进行防治。

3. 小龙虾

小龙虾（图8-4）主要在食物缺乏时对水蛭产生一定的危害，一般情况下不会伤害水蛭。对于小龙虾的捕捞主要采取地笼和徒手捕捉的方式。

4. 螃蟹

螃蟹（图8-5）除了捕食水蛭以外，还会与水蛭争食，螺蛳同样也是螃蟹很好的天然饵料，所以，螃蟹对水蛭的危害是双重的。可以采取地笼捕捞或徒手捕捉的方式防治。

图 8-4　小龙虾

图 8-5　螃蟹

5. 青蛙

青蛙（图 8-6）对水生小型动物的捕食能力很强，水蛭也是它们捕捉的对象。青蛙可以通过驱赶或钩钓的方法清除。

6. 水蜈蚣、蜻蜓幼虫

主要是对仔蛭的伤害。在水蛭放养之前进行彻底清塘消毒，杀灭水蜈蚣（图 8-7）幼体。在进水口安装尼龙网等栏栅防止水蜈蚣随水进入，对于已经进入的用手抄网清除。蜻蜓幼虫见图 8-8。

图 8-6 青蛙

图 8-7 水蜈蚣

图 8-8 蜻蜓幼虫

7. 鱼类

鱼类（图 8-9，彩图）对水蛭养殖的影响主要体现在三个方面：一是与水蛭争食，比如青鱼、鲤鱼、鲫鱼等；二是消耗水中氧气，这类主要是一些野杂鱼，比如鳑鲏鱼、餐鲦鱼、麦穗鱼等；三是侵害型鱼类，主要以肉食性鱼类为主，如黄鳝、黄颡鱼、虾虎鱼等。不管是什么鱼，在水蛭养殖池中都是对水蛭养殖有害的。主要通过彻底清塘消毒，防止池内留有鱼类；在进水时，加强进水过滤措施，防止鱼类及鱼类卵、苗随水进入。

8. 鸭子

鸭子（图 8-10）是家禽中对水蛭影响最大的，对水蛭有直接的伤害，水中各种昆虫，包括小型鱼类都是鸭子的食物，在水蛭养殖中，必须加强管理，禁止鸭子进入养殖池。

黑鱼　　　　黄鳝　　　　虾虎鱼

鳜鱼　　　　鲶鱼　　　　黄颡鱼

野鲤鱼　　　野鲫鱼　　　螃鲏鱼

麦穗鱼　　　餐鲦鱼　　　泥鳅

草鱼　　　　青鱼

图 8-9　部分鱼类图

图 8-10 鸭子

9. 水鸟

水鸟（图 8-11）既是水蛭的直接危害者，还是一些疾病的传播者，对于水鸟的危害防治主要采取搭建驱鸟网和直接驱赶的方式，禁止水鸟进入水蛭养殖区。

图 8-11 部分水鸟图

第九章

水蛭的采收、加工与药用价值

▶ 第一节 采收

　　水蛭的采收一般选择在水温 10～15℃ 进行，这个时期，水蛭的食欲下降，生长速度也减慢，水温进一步下降水蛭就会进入冬眠状态，进入冬眠后就不容易捕捞。但大部分捕捞水蛭操作都选择在 9 月底 10 月初进行。捕捞后可以选择体质健壮的水蛭留作亲本，个体较小的留作蛭种。亲本和蛭种可以放入越冬池或冬季培育池继续养殖。

图 9-1　水蛭的采收

水蛭采收（图 9-1）的方法有多种，不同的养殖方式可以采取不同的采收方法。下面简要介绍几种采收方法。

一、池塘养殖

池塘的环境较为复杂，收集水蛭也较其他养殖方式困难一些，一般采取以下几种方式。

1. 网捕法

清理水中水草等杂物，备好拉网，搅动水体，水蛭受到水波刺激后，会在水中游动，此时用拉网可以捕捞一部分水蛭。此种方法可以反复多次，适合条件较为复杂易于拉网的水体。

2. 血液诱捕法

把用动物血浸泡过的稻草把放入水中（图 9-2），20～30min 后捞出稻草把，用手捡出水蛭，或撒上生石灰粉，水蛭就会自行脱落。

图 9-2　血液诱捕法

3. 猪大肠捕捞法

将猪大肠截成段，套在木棍上，每隔一段距离插一根，水蛭会吸附到猪大肠上，每隔一段时间收取 1 次。

4. 干池捕捞法

把池水直接排干，用抄网或手捡采收水蛭，采收时要注意泥土中、水草中藏匿的水蛭，也要注意石块、瓦块下的水蛭，要反复多次。

二、水泥池养殖

水泥池养殖水蛭的捕捞很简单，可以直接放干池水徒手捕捉，但要注意池中漂浮性植物根系以及叶面下藏匿的水蛭，也要注意池中死螺、空螺中水蛭的收集，收集方式采用前面介绍的螺蛳分拣池的方法收集。

三、网箱养殖

网箱养殖水蛭有两种形式：一种是有土养殖；另一种为无土养殖。有土养殖的捕捞要比无土养殖的复杂一些，需要把池水放干后，在泥土中寻找，劳动强度较大，还有注意水生植物以及空螺、死螺中水蛭的收集。无土网箱养殖水蛭的采收，首先收集水生植物中、产卵板下的水蛭；再把网箱提起，把水蛭与螺蛳自然分开，先移走水蛭，然后采用螺蛳分拣池的方法，把死螺、空螺中的水蛭收集即可。

四、吊养

吊养是大水面中的一种生态养殖方式，养殖网箱较小，只有 0.5m^2，可以直接提起网箱，打开网箱上面的出口，把水蛭和螺蛳从网箱中倒出然后分拣。

五、沟渠养殖

沟渠比较复杂，如果可以拉网，可以先采取拉网的方式捕捞一部分，然后采取血液诱捕法捕捞，或者猪大肠捕捞法捕捞。

六、围栏养殖

围栏养殖基本属于一种开放式的养殖方式，一般情况下不能干池，所以捕捞难度比较大。如果能够干池，可以采取干池捕捞的方法。如果不能干池，只能采取血液诱捕法和猪大肠捕捞法，起捕率可能要低一些，如果围栏中设有土堆或产卵床，可以结合越冬捕捞，也就是在水蛭越冬时，在土堆或产卵床上收集越冬的水蛭。

七、稻田养殖

可以采取血液诱捕法捕捞，或者猪大肠捕捞法捕捞，也可采取干池捕捞。

八、庭院养殖

庭院养殖由于池小，一般直接采用干池捕捞的方法捕捞。

→ 第二节　加工方法

水蛭的加工方法很多，主要分为储藏加工和药用加工两类。一般采用储藏加工。

一、储藏加工

储藏加工是水蛭的粗加工，是水蛭采收后的后工序，使鲜活水蛭便于保存和运输，也是商家收购水蛭的收购要求。储藏加工的方法有许多种，各地可以根据实际情况选择合适的加工方法。

1. 生晒法

这是最常见的一种方法。将水蛭洗净后，用铁丝或针穿起后悬挂在阳光下直接暴晒（图 9-3），晒干后即可出售或储藏待售。

2. 酒闷法

将水蛭洗净后放入容器中，倒入 50°以上的高度白酒，以白酒能够淹没水蛭即可。加盖密封 0.5～1h，让水蛭醉死后捞出清洗干净晒干即可。

3. 碱烧法

将食用碱粉撒入存有水蛭的容器中，戴上长胶手套将水蛭上下翻动，边翻动边揉搓，在碱粉的作用下，水蛭逐渐收缩死亡，用清水清洗干净后晒干即可。

4. 盐制法

将水蛭放入容器，放一层水蛭，撒一层盐，直到容器装满为止，将用盐渍死的水蛭晒干即可。用此法加工的水蛭由于含盐分，收购价要比其他方法加工的要低一些，这是在加工时要考虑的。同

图 9-3　水蛭生晒加工

时，由于含盐容易返潮，最好及时出售。

5. 水烫法

在水蛭大量采收的季节，因为采收量较大，可以采取此方法。把采收的水蛭洗净后倒入开水中（图 9-4），一次不能倒得太多，以开水淹没水蛭为好，5～20min 后，捞出烫死的水蛭晒干即可。没有烫死的可以在第 2 次烫水蛭的时候再烫 1 次。

水蛭的加工是整个水蛭养殖的最后一道工序，在这道工序中要

图 9-4　水蛭水烫法加工

注意以下几个问题，切莫因为一时的疏忽造成损失。

（1）选择好适合自身条件的方法进行加工，不得因为加工工艺造成水蛭价格上的损失。

（2）水蛭晾晒一般需要4～7天，在准备加工之前，一定要注意天气的变化，选择连续晴天加工。如果遇到阴雨天气，水蛭没有晒干，应该在室内加温烘干。

（3）晾晒时最好选择挂晒的方式或采取悬空晾晒的方法，切忌堆晒。

（4）晒干后的商品水蛭，要放入吸潮的粗布口袋中存放，并用塑料袋密封保存，防止吸潮发霉，影响产品质量。

（5）加工晒干后要及时出售，不要存放太久。加工时，要注意水蛭的质量，切莫因为加工不当影响水蛭的感官质量，继而造成价格损失。一般加工后的水蛭，以自然扁平、背部稍隆起、腹部平坦、质脆易折断、断面呈胶质并有光泽者为好。

二、药用加工

药用加工也叫炮制，是入药时的加工方法。根据不同的药用价值采用不同的炮制方法，一般有如下几种方法。

1. 炒水蛭

将滑石粉在锅中炒热后倒入水蛭段，炒到水蛭稍鼓取出，筛出滑石粉，把水蛭放凉即可。

2. 油水蛭

把水蛭放入猪油锅内炸至焦黄色取出，研成粉末即可。

3. 焙水蛭

把水蛭放在烧红了的瓦片上，焙至淡黄色取出，研成粉末。

➡ 第三节　干品的储藏与真伪鉴别

一、干品的储藏

1. 传统储藏法

传统储藏一般采用缸、瓮等传统的器皿。将器皿洗净晾干后，在底部放入可以可吸湿防潮的石灰，再放一层透气板或两层吸湿纸，将加工后的水蛭放入，加盖密封，不得有空气进入或蛀虫进入。

2. 现代储藏法

现代储藏法是采用现代手段，多用特制塑料袋，配以真空防潮等手段，既可以防止水蛭腐败变质，又可防止虫蛀。长久存放采用冷库冷冻方法。

二、真伪鉴别

商品水蛭药材分为 3 种，其形状介绍如下。

1. 小水蛭

日本医蛭的干品较为细小，称为"小水蛭"。呈扁长圆柱形，体长 2～5cm，宽 0.2～0.5cm。体多扭曲，呈黑棕色，由多数环节构成。

2. 宽水蛭

宽体金线蛭的干品较宽大，因此称为"宽水蛭"。呈扁平纺锤形，略曲折，长 5～12cm，最宽处 1～2cm。前吸盘小，后吸盘大，背面黑棕色，腹面黄褐色。全身有节状环纹。质脆，易折断，味腥臭。

3. 长条水蛭

茶色蛭的干品较为细长，因此称为"长条水蛭"。外形狭长而扁，体长 5～12cm，宽 0.1～0.5cm。体的两端稍细。前吸盘不显著，后吸盘圆大，两端经过加工后穿有小孔，因此不易辨认。体节明显或不明显。体表凹凸不平，背腹两面均呈黑棕色。质脆，断面不平坦，有土腥味。

⊃ 第四节　药用价值

一、水蛭的性味和成分

水蛭味咸、苦，性平，有小毒。水蛭的主要成分为蛋白质，有17 种氨基酸。干品中氨基酸的含量高达 62％，是肌肉蛋白质含量

（23.3％）的 2.7 倍；同时在这 17 种氨基酸中，以谷氨酸、天冬氨酸、赖氨酸、亮氨酸的含量较高，它们在水蛭的保健作用中起着很重要作用。在水蛭所含的 17 种氨基酸中，其中 7 种为人体必需氨基酸，其含量为 1535mg/100g 干重，占全部氨基酸总数量的 72％。吸血水蛭中含有由多个氨基酸组成的低分子多肽，它是吸血水蛭发挥药效和保健功能的主要活性成分。水蛭中除了含有常量元素外，还含有 28 种微量元素。菲牛蛭体内含有钙、铬、铜、铁、镁、锰、钒、锌 8 种元素，其中钒、锰、铜、铁、锌元素是人体必需的微量元素。锌和铁的含量较高，分别为 1.4mg/g 和 1.36mg/g。锌元素的含量比大豆中锌元素的含量高 8 倍，比猪肝中锌元素的含量高 2 倍。说明菲牛蛭对锌元素具有极强的富集能力。在自然界中锌的含量相对较少，但它是维持人体正常生理活动重要的元素，而人体不能自身生成，只能依靠体外供应。近年的研究还表明，锌元素广泛地参与蛋白酶、糖类、核酸、脂肪的代谢等基本生化过程，已知有 300 多种酶的活性与锌有关。并且锌能提高人体免疫力，具有抗癌功能。人体随着年龄的增长，体内微量元素的含量逐渐减少，锌尤为显著，引起酶类蛋白质的损害，加速衰老的进程和疾病的发生。因此，为保持体内适宜的微量元素浓度，就需要食用富含微量元素的食物。菲牛蛭体内含有 16 个脂肪酸的组分，其中饱和脂肪酸占 63.34％，不饱和脂肪酸占 34.05％。近年来研究发现，单不饱和脂肪酸在降低总胆固醇有害胆固醇的同时，不会降低有益胆固醇。

此外，水蛭还含有肝素、抗凝血酶。新鲜水蛭的唾液中还含有一种抗凝血物质，名为水蛭素。水蛭素含碳、氢、氮、硫，呈酸性反应，易溶于水、生理盐水及吡啶，不溶于醇、醚、丙酮及苯。在空气中或遇热或稀酸中均易被破坏。所以干燥生药中水蛭素被破坏。

二、药理作用

1. 抗凝血作用

被蚂蝗叮咬过的人都知道，伤口的血液很难一时凝固，科学家因此判定，水蛭有抗凝血的作用，因此有抗血栓的作用。最后提取了这种物质，叫水蛭素。水蛭素是凝血酶特效抑制剂，以 1∶1 的方式形成稳定的非共价结合的可逆复合物，使凝血酶失去裂解纤维蛋白原的能力，从而阻止或推迟凝血过程。临床表明，水蛭素不仅能抑制动物的静脉血栓形成，而且对血管壁损伤引起的颈动脉血栓、冠状动脉血栓及微血栓和弥漫性血管内凝血都有很好的疗效。另外，水蛭素不增加抗凝血酶-Ⅲ（AT-Ⅲ）的消耗，而 AT-Ⅲ 在血浆中的浓度低于正常值的 $70\%\sim80\%$ 时，有形成血栓的危险。水蛭素不仅能抑制纤维蛋白原转化为纤维蛋白，也能抑制凝血因子 Ⅴ、Ⅶ、Ⅷ 的活化与凝血酶诱导的血小板反应，因此抗凝作用极强。

2. 溶栓作用

水蛭有抗血小板聚集和溶解凝血酶所致的血栓的作用。水蛭素采用甲醇提取，在体内和体外均有活化纤溶系统的作用。水蛭的唾液腺分泌物给大鼠静脉注射后有较强的抗栓作用。另据报道，水蛭的水提取物溶解血栓的有效成分可能是前列腺素和去稳定酶。前列腺素能促进组织型纤维蛋白溶酶原激活剂从血管壁释放，去稳定酶在试管内有溶血栓的活性。

3. 抗血小板作用

水蛭素能抑制凝血酶同血小板的结合，促进凝血酶与血小板解离，抑制血小板受凝血酶刺激的释放和由凝血酶诱导的反应。其抗血小板作用机制，可能与增强血小板膜腺甘酸环化酶活性，增加血小板内环化腺酸含量有关。

4. 对血液流变学的影响

给动物灌服水蛭提取物 $0.45g/kg$，可使血液黏度降低，红细胞电泳时间缩短。水蛭煎剂灌胃，也能使血液流变异常，大鼠的全血比黏度、血浆比黏度、血细胞比容及纤维蛋白原含量降低。

5. 降血脂作用

对食饵性高脂血症家兔，每月灌服水蛭粉 $1g/$只，无论是预防还是治疗用药，均能使血中胆固醇和甘油三酯含量降低，同时使主动脉与冠状动脉病变较对照组轻，斑块消退明显，可见胶原纤维增生，胆固醇结晶减少。

6. 对心血管功能的影响

水蛭素 30g/kg 腹腔注射，能明显增加小鼠心肌摄取^{86}Rb 的能力，表明水蛭素有增加心肌营养血流量的作用。

7. 终止妊娠作用

宽体金线蛭对小鼠早、中、晚期妊娠均有终止作用。用水蛭煎剂 2.5～3g/kg，于妊娠第 1 日、第 6 日或第 10 日，皮下注射上述剂量 2 次，对小鼠有极显著的终止作用。

8. 对实验性脑血肿与皮下血肿的影响

水蛭提取液对家兔实验性脑血肿有促进吸收作用。实验表明，水蛭能促进脑血肿及皮下血肿吸收，减轻周围炎症反应及水肿，缓解颅内压升高，改善局部血流循环，保护脑组织免遭坏死及促进神经功能的恢复。

9. 对实验性肾损害的影响

用 30％水蛭液 15ml/kg 灌胃 2 次，对肌注甘油所致大鼠初发急性肾小管坏死有明显防治作用，使血尿素氮、血肌酐值的升高明显低于对照组。肾组织形态学改变明显。其作用机制可能与改善血液流变学和高凝状态，从而改善肾血液循环有关。

10. 其他作用

水蛭对蜕膜瘤也有抑制作用。低浓度水蛭液对家兔离体子宫有明显的收缩作用。水蛭素尚能抑制凝血酶诱导的成纤维细胞增殖及凝血酶对内皮细胞的刺激作用。

参 考 文 献

[1] 刘明山．水蛭养殖技术．北京：金盾出版社，2006．

[2] 李庆乐．水蛭人工养殖技术——特种养殖点金术．南宁：广西科学技术出版社，2002．

[3] 赵文．水生生物学——水产养殖学．北京：中国农业出版社，2007．

[4] 段晓猛．蟾蜍蜈蚣水蛭饲养与加工技术．呼和浩特：内蒙古人民出版社，2010．

[5] 廖朝兴等．无公害水产品高效生产技术．北京：金盾出版社，2005．

[6] 农业部《渔药手册》编撰委员会．渔药手册．北京：中国科学技术出版社，1998．

[7] 段晓猛．田螺福寿螺养殖技术．呼和浩特：内蒙古人民出版社，2010．

[8] 魏亮，李华峰．水生植物栽培新技术．呼和浩特：远方出版社，2006．

[9] 白遗胜等．淡水养殖500问．北京：金盾出版社，2006．

欢迎订阅农业水产类图书

书号	书　名	定价/元
18413	水产养殖看图治病丛书——黄鳝泥鳅疾病看图防治	29.00
18389	水产养殖看图治病丛书——观赏鱼疾病看图防治	35.00
18240	水产养殖看图治病丛书——常见淡水鱼疾病看图防治	35.00
18391	水产养殖看图治病丛书——常见虾蟹疾病看图防治	35.00
15561	水产致富技术丛书——福寿螺田螺高效养殖技术	21.00
15481	水产致富技术丛书——对虾高效养殖技术	21.00
15001	水产致富技术丛书——水蛭高效养殖技术	23.00
14982	水产致富技术丛书——经济蛙类高效养殖技术	21.00
14390	水产致富技术丛书——泥鳅高效养殖技术	23.00
14384	水产致富技术丛书——黄鳝高效养殖技术	23.00
13547	水产致富技术丛书——龟鳖高效养殖技术	19.80
13162	水产致富技术丛书——淡水鱼高效养殖技术	23.00
13163	水产致富技术丛书——小龙虾高效养殖技术	23.00
13138	水产致富技术丛书——河蟹高效养殖技术	18.00
22144	水产生态养殖丛书——小龙虾标准化生态养殖技术	29.00
22285	水产生态养殖丛书——泥鳅标准化生态养殖技术	29.00
22152	水产生态养殖丛书——黄鳝标准化生态养殖技术	29.00
22186	水产生态养殖丛书——河蟹标准化生态养殖技术	29.00
22148	水产生态养殖丛书——对虾标准化生态养殖技术	29.00
22364	水产生态养殖丛书——淡水鱼标准化生态养殖技术	28.00

如需以上图书的内容简介、详细目录以及更多的科技图书信息，请登录 www.cip.com.cn。

邮购地址：(100011) 北京市东城区青年湖南街 13 号　化学工业出版社

服务电话：010-64518888，64519683（销售中心）；如要出版新著，请与编辑联系：010-64519351